116 Arbeitsregeln für das Schutzgasschweißen

G. Aichele

Leitfaden für Ausbildung und Praxis
3., überarbeitete und erweiterte Auflage

Die Deutsche Bibliothek - CIP-Einheitsaufnahme

Aichele, Günter:
116 Arbeitsregeln für das Schutzgasschweissen : Leitfaden für Ausbildung und Praxis / G. Aichele. - 3., überarb. und erw. Aufl. - Düsseldorf : Dt. Verl. für Schweisstechnik, DVS-Verl., 1993
 (Die schweisstechnische Praxis ; Bd. 14)
 ISBN 3-87155-520-7
NE: Aichele, Günter: Hundertsechzehn Arbeitsregeln für das Schutzgasschweissen; GT

Die Schweißtechnische Praxis
Band 14

ISBN 3-87155-520-7

Alle Rechte vorbehalten
© Deutscher Verlag für Schweißtechnik DVS-Verlag GmbH, Düsseldorf · 1993
Fotosatz: G. Osenberg, Neuss
Herstellung: RODRUCK GmbH, Düsseldorf
Zeichnungen: Bernd Metz, Ingenieurbüro, Weingarten,
und H. Rulands, Neuss
Titelgestaltung: Niesner & Niesner, Korschenbroich

Vorwort zur 3. Auflage

Bei der ersten Auflage dieses Büchleins im Jahre 1981 waren es 82 Regeln, die der Verfasser den Anwendern des Schutzgasschweißens nahebringen wollte. Die zweite Auflage im Jahre 1988 enthielt 111 Arbeitsregeln. Und nun, bei der dritten Auflage, sind noch einmal 5 Regeln dazugekommen. Das soll nicht heißen, daß das Schutzgasschweißen nun komplizierter geworden wäre und daß mehr Regeln als früher zu beachten wären. Es sind lediglich einige Beobachtungen und Festlegungen (insbesondere aus dem Bereich der Arbeitssicherheit) neu als Arbeitsregel formuliert worden.

Das Ziel dieser Veröffentlichung ist seit der ersten Auflage unverändert geblieben: dem Anwender mit kurzen Worten, mit Skizzen und Bildern zu helfen, Fehler zu vermeiden. Das gilt sowohl für die Erhaltung der Betriebsbereitschaft von Schutzgasgeräten als auch für die fehlerfreie Ausführung von Schweißarbeiten, ganz besonders aber auch für die Einhaltung von Sicherheitsvorschriften.

Verfasser und Verlag freuen sich, wenn Benutzer dieses Büchleins abweichende oder zusätzliche Erfahrungen mitteilen, damit dieses Werk stets auf dem neuesten Stand fortgeschrieben werden kann.

Besonderer Dank gebührt Frau Herud im DVS-Verlag für die sorgfältige Bearbeitung des Manuskriptes und Herrn Behnisch für die fachliche Betreuung sowie zahlreiche Anregungen.

Freiburg, im Januar 1993   **Günter Aichele**

Einführung

Es gehört zum Erfahrungsschatz des in einer motorisierten Welt lebenden Menschen, daß er Regeln beachten muß, um sich im Straßenverkehr behaupten zu können. Nimmt er dann mit seinem Fahrzeug am Verkehr teil, muß er eine Reihe weiterer Regeln beachten, damit sein Fahrzeug betriebsbereit ist und nicht durch Defekte beschädigt wird, die sich bei richtiger Behandlung des technischen Gegenstandes hätten vermeiden lassen. Was im Straßenverkehr so einleuchtend wirkt, scheint oft vergessen zu werden, wenn es um die Arbeitswelt geht. Auch da hat jedes Handwerk, jedes Gewerbe, jedes Arbeitsverfahren seine Regeln. Wer sie nicht beachtet – sei es aus Unkenntnis, Trägheit oder Desinteresse – riskiert Gefahren: schlechtes Arbeitsergebnis, defekte Geräte, im schlimmsten Falle (wenn es um Sicherheitsregeln geht) Gefahren für Gesundheit und Leben.

Dies gilt selbstverständlich auch für das Schutzgasschweißen. Hier muß der Schweißer eine Vielzahl von Arbeitsregeln beachten, wenn er erfolgreich arbeiten will. 116 dieser Regeln sind in diesem Büchlein zusammengestellt: mit jeweils kurz gefaßtem Text, einer bildlichen Darstellung (wo immer dies möglich ist), einer Erläuterung sowie der Bezeichnung des möglichen Fehlers und seiner Beseitigung.

Wenn Sie nun, lieber Leser, dieses Büchlein durchblättern und feststellen, daß Ihnen alle Regeln bekannt sind, daß Sie diese stets einhalten und daß über so „einfache Dinge" doch nicht gesprochen werden muß, dann darf man Ihnen gratulieren. Legen Sie dieses Büchlein beruhigt zur Seite: Sie machen alles richtig. Für Sie ist es nicht geschrieben worden.

Vielleicht aber haben Sie als Schweißer oder als Aufsichtsperson gelegentlich Probleme beim Schutzgasschweißen: plötzlich sind Poren in der Schweißnaht, der Drahtvorschub stockt, der Brenner wird heiß. Oder das Gerät funktioniert überhaupt nicht mehr. Was tun?

Der einfachste Weg ist sicher, nach dem Kundendienstmonteur des Herstellers zu rufen. Bis dieser Gerätespezialist kommt, vergeht Zeit. Und es kostet Geld. Dabei wäre in vielen Fällen das Problem zu vermeiden gewesen, wenn – ja, wenn man die einfachsten Arbeitsregeln des Schutzgasschweißens beachtet hätte.

Sicher, es gibt Störungen und Defekte an Geräten, die nur der Fachmann des Geräteherstellers beheben kann. Langjährige Beobachtungen der Arbeit einer Kundendienst-Werkstatt haben jedoch dem Verfasser gezeigt, daß die Mehrzahl der beim Schutzgasschweißen entstandenen Probleme „hausgemacht" sind. Aus der Summe dieser Beobachtungen ist das Büchlein entstanden. So banal die eine oder andere der hier vorgestellten Arbeitsregeln sein mag: hinter jeder steht mindestens eine, sehr oft sogar mehrere gleichartige Betriebsstörungen, die eines gemeinsam haben: sie haben Ärger verursacht und Geld gekostet.

Zu überlegen war, nach welcher Ordnung die einzelnen Regeln aufgereiht werden sollen. Es wäre durchaus reizvoll gewesen, vom Fehler oder Defekt auszugehen, der zuerst einmal in Erscheinung tritt. Leider aber hätte ein solches Schema seine eigenen Probleme erzeugt, denn ein Fehler – man denke an Porenbildung – kann viele Ursachen haben, und einige dieser Ursachen können auch noch zu anderen Fehlern führen.

Einen Leitfaden für den Benutzer gibt das folgende Schema:

	WIG	MIG	MAG	Plasma-schweißen	Plasma-schneiden
Erhaltung oder Wiederherstellung der Betriebsbereitschaft	←	1 bis 15			→
Handhabung	←	16, 17, 19, 23			→
	←	18, 30, 33	→		
	←	20 bis 22, 24 bis 26, 28, 29, 31, 32, 34, 35	→		
	27, 36, 55 bis 65	37 bis 45, 47 bis 51, 54	37 bis 54	← 36 →	
Handfertigkeit	←	66, 67	→		
		← 68 bis 71, 73 →			
			72, 74 bis 78, 80		
Werkstoffe (besondere Hinweise)					
Aluminium	29, 56, 58 91 bis 95	91, 94, 95			
unlegierter und niedriglegierter Stahl	←	33	→		
	27, 57, 79		46, 52, 53, 72, 74 bis 78, 80, 83		
Feinkornbaustahl			81 bis 83		
Chrom-Nickel-Stahl	←	84 bis 88			→
	27, 57, 90	← 89 →			
Titan	96				
Sicherheit	←	97 bis 111, 113 bis 116			→
			112		

Daß technische Lektüre kein trockener Stoff sein muß, möchte dem Leser der Schweißer Droll beweisen, der gelegentlich in den Darstellungen auftaucht und sich hiermit vorstellt:

Die vorliegende Sammlung von Arbeitsregeln kann keinen Anspruch auf Vollständigkeit erheben. Für jeden zusätzlichen Hinweis – auch für Kritik der Praktiker – ist der Verfasser dankbar.

Soweit die Bilder nicht vom Verfasser selbst aufgenommen wurden, verdankt er sie:

Fa. Linde AG, Werksgruppe Technische Gase, Höllriegelskreuth
Fa. Messer Griesheim GmbH, Frankfurt
Nordwestliche Eisen- und Stahl-Berufsgenossenschaft, Hannover
Thyssen Draht AG, Hamm/Westfalen
Schweißfachmann R. Krökel, Braunschweig

Zur Vertiefung seiner Kenntnisse wird dem Leser das in diesem Büchlein verwertete Schrifttum empfohlen:

Merkblatt DVS 0703 „Bewertung von Lichtbogenschweißverbindungen an Stahl nach DIN EN 25 817 / ISO 5817".
Merkblatt DVS 0706 „Bewertung von Lichtbogenschweißverbindungen an Aluminiumwerkstoffen nach DIN ISO 10 042".
Merkblatt DVS 0911 „Endenformen von Wolframelektroden für das Wolfram-Schutzgasschweißen mit Gleich- und Wechselstrom, Plasmaschweißen und Plasmaschmelzschneiden".
Richtlinie DVS 0912 Teil 1 „Metall-Schutzgasschweißen von Stahl, Richtlinien zur Verfahrensdurchführung, Vermeiden von Bindefehlern".
Richtlinie DVS 0912 Teil 2 „Metall-Schutzgasschweißen von Stahl, Richtlinien zur Verfahrensdurchführung, Vermeiden von Poren".
Merkblatt DVS 0916 „Metall-Schutzgasschweißen von Feinkornbaustählen".
Merkblatt DVS 0925 „MAG-Schweißen dicker Bleche".
Merkblatt DVS 0937 „Wurzelschutz beim Schutzgasschweißen"

Alle DVS-Merkblätter und -Richtlinien sind beim Deutschen Verlag für Schweißtechnik DVS-Verlag, Düsseldorf, zu beziehen.

Weiterführende Literatur im DVS-Verlag:
Fachbuch 72 „Leistungskennwerte für Schweißen, Schneiden und verwandte Verfahren" (Neuauflage in Vorbereitung)
Fachbuch 76/I „Handbuch der Schweißverfahren, Teil I: Lichtbogenschweißverfahren (von R. Killing)

UVV „Schweißen, Schneiden und verwandte Arbeitsverfahren" (VBG 15).
Carl Heymanns Verlag KG, Köln, oder bei den Berufsgenossenschaften.

DIN EN 169 „Sichtscheiben für Augenschutzgeräte, Schweißerschutzfilter".
Beuth Verlag, Berlin/Köln.

DIN 32 528 „Wolframelektroden für das Wolfram-Schutzgasschweißen und Plasma-Schmelzschneiden".
Beuth Verlag, Berlin/Köln.

Schweißverfahren WIG-, MIG-, MAG-Schweißen, Plasmaschweißen, Plasmaschneiden	**Arbeitsregel-Nr.**	**1**
Grundwerkstoffe Alle Metalle	**Betriebsbereitschaft**	

Arbeitsregel

Lesen Sie die Betriebsanleitung durch, die der Gerätelieferant zur Verfügung stellt. Verwenden Sie die Ersatzteillisten, wenn Sie Ersatzteile bestellen. Nennen Sie dabei genaue Bezeichnungen und Sachnummern, damit Falschlieferungen vermieden werden.

Darstellung

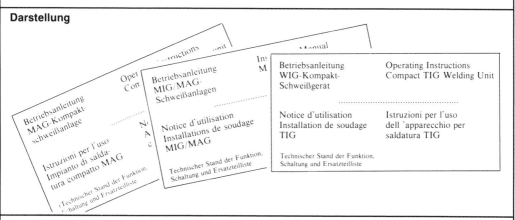

Erläuterung

Betriebsanleitungen sollen den Anwender vor Fehlern beim Arbeiten mit dem Gerät schützen. Sie müssen deshalb gelesen werden – sowohl vom Bedienungsmann an der Maschine wie auch von einer Aufsichtsperson.
Ersatzteillisten sind wichtige Bestellunterlagen. Falschlieferungen von Ersatzteilen kosten Geld und Zeit. Es ist ärgerlich und kostet unnötig Geld, wenn wegen eines falsch oder nicht ausreichend definierten Ersatzteiles ein Gerät länger als erforderlich außer Betrieb ist.

Fehler

Zeitverlust,
Geldverlust

Beseitigung des Fehlers

Beim Gerätekauf auf Mitlieferung von Betriebsanleitungen achten,
Betriebsanleitungen an genau festgelegten Stellen im Betrieb aufbewahren!

Schweißverfahren WIG-, MIG-, MAG-Schweißen, Plasmaschweißen, Plasmaschneiden	**Arbeitsregel-Nr.** 2
Grundwerkstoffe Alle Metalle	**Betriebsbereitschaft**

Arbeitsregel

Wenn Sie bei Ihrer Service-Werkstatt einen Monteur zur Reparatur eines defekten Gerätes anfordern, dann nennen Sie genau Gerätetype, Brennertype (wenn möglich: Baujahr oder ungefähres Alter) und beschreiben möglichst genau, wie sich der Defekt bemerkbar macht. Manchmal läßt sich dann der Defekt schon am Telefon lokalisieren.

Darstellung

Erläuterung

Es kommt Sie zu teuer, wenn beispielsweise wegen einer defekten Netzsicherung ein Servicemonteur zu Ihnen ins Haus kommt. Auch wenn Sie selbst den Schaden am Gerät nicht beseitigen können: je genauer Ihre Angaben sind, desto sorgfältiger kann sich der Servicemonteur auf seine Aufgabe vorbereiten. Das betrifft nicht nur das Mitführen der eventuell erforderlichen Ersatzteile, sondern – insbesondere bei älteren Geräten – das Studieren von alten Schaltplänen und Ersatzteillisten, um Ersatzlösungen vorschlagen zu können.

Fehler

Mangelhafte Instandsetzung defekter Geräte

Beseitigung des Fehlers

—

Schweißverfahren		
WIG-, MIG-, MAG-Schweißen, Plasmaschweißen, Plasmaschneiden	**Arbeitsregel-Nr.**	**3**
Grundwerkstoffe		
Alle Metalle	**Betriebsbereitschaft**	

Arbeitsregel

Wenn Sie Ihr Gerät zur Reparatur in eine Service-Werkstatt geben, dann sollten Sie es komplett (**mit Brenner, mit** Druckminderer) reparieren lassen. Damit vermeiden Sie Ärger und Mehrkosten, weil Ihnen die Reparaturwerkstatt das Gerät schweißbereit und funktionsgeprüft zurückgeben kann.

Darstellung

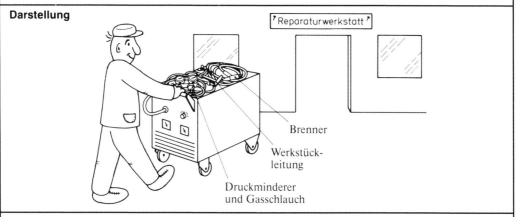

Erläuterung

Gelegentlich wird vom Anwender nicht erkannt, daß ein Defekt nicht an der Stromquelle oder der Gerätesteuerung, sondern am Brenner oder am Druckminderer liegt. Die Reparaturwerkstatt kann dann die Fehlerursache nicht beseitigen, wenn sie nicht alle Anlagenteile überprüfen kann. Dies wird besonders unangenehm, wenn sich zwei Fehlerquellen addieren.

Fehler

Mangelhafte Instandsetzung defekter Geräte

Beseitigung des Fehlers

—

Schweißverfahren	
WIG-, MIG-, MAG-Schweißen, Plasmaschweißen, Plasmaschneiden	**Arbeitsregel-Nr.** 4

Grundwerkstoffe	
Alle Metalle	**Betriebsbereitschaft**

Arbeitsregel

Prüfen Sie, ob die auf dem Typenschild angegebene Anschlußspannung mit der vorhandenen Netzspannung übereinstimmt, bevor Sie das Gerät an das Netz anschließen.
Bei Mehrspannungsgeräten prüfen Sie am Klemmbrett, ob das Gerät auf die vorhandene Netzspannung geschaltet ist.

Darstellung

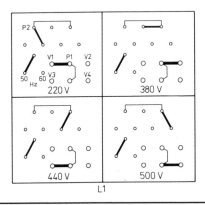

Klemmbrett eines
Mehrspannungsgerätes

Erläuterung

Eine zu hohe Netzspannung kann zu Schäden im Gerät führen. Eine zu niedrige Netzspannung führt zu mangelhafter Funktion des Gerätes (unzureichende Leistung, gegebenenfalls Ausfall von Bauteilen). Mehrspannungsgeräte sind meist vom Hersteller auf die höchste Anschlußspannung geklemmt, um Schäden beim Anschluß zu vermeiden. Wer dies nicht beachtet und mit der zu niedrigen Netzspannung arbeitet, reklamiert beim Hersteller zu Unrecht mangelnde Schweiß- oder Schneidleistung.

Fehler

Beschädigung des Gerätes,
mangelnde Schweiß- oder Schneidleistung

Beseitigung des Fehlers

Brücken am Klemmbrett laut Betriebsanleitung anbringen.

Achtung:

Arbeiten an elektrischen Teilen nur durch einen Fachmann oder durch eine unterwiesene Person, die über ihre Aufgaben sowie über Gefahren bei unsachgemäßem Verhalten unterrichtet und über die notwendigen Schutzmaßnahmen belehrt worden ist.

Schweißverfahren		
WIG-, MIG-, MAG-Schweißen, Plasmaschweißen, Plasmaschneiden	**Arbeitsregel-Nr.**	**5**
Grundwerkstoffe		
Alle Metalle	**Betriebsbereitschaft**	

Arbeitsregel

Achten Sie beim Anschluß des Gerätes an das Netz auf die richtige Drehrichtung!

Darstellung

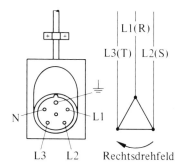 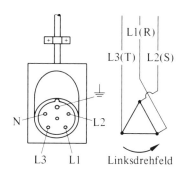

Erläuterung

Im Regelfall werden Drehstromsteckdosen so verdrahtet, daß ein Rechtsdrehfeld entsteht. Durch Vertauschen von 2 Phasen wird das Drehfeld geändert. Drehstrommotoren (wie für Lüfter oder Wasserpumpen) laufen dann in falscher Drehrichtung. Das Gerät ist nicht betriebsbereit. Das Vertauschen von 2 Außenleitern (Phasen) kann netzseitig geschehen sein oder nach Instandsetzungsarbeiten am Gerät oder seinem Netzanschluß. In neueren Geräten sind meist keine Drehstrommotoren mehr eingebaut; dann spielt die Drehrichtung keine Rolle mehr.

Fehler

Lüfter oder Wasserpumpe läuft verkehrt,
gegebenenfalls vorhandenes Windrelais spricht nicht an,
Strömungswächter spricht nicht an, Gerät nicht betriebsbereit.

Beseitigung des Fehlers

Alle Drehstromsteckdosen im Betrieb mit Rechtsdrehfeld verdrahten, alle Maschinen für Rechtsdrehfeld einrichten.

Achtung:

Arbeiten an elektrischen Teilen nur durch einen Fachmann oder durch eine unterwiesene Person, die über ihre Aufgaben sowie über Gefahren bei unsachgemäßem Verhalten unterrichtet und über notwendige Schutzmaßnahmen belehrt worden ist.

Schweißverfahren WIG-, MIG-, MAG-Schweißen, Plasmaschweißen, Plasmaschneiden	**Arbeitsregel-Nr.**	**6**
Grundwerkstoffe Alle Metalle	**Betriebsbereitschaft**	

Arbeitsregel

Wenn das Gerät nicht oder nicht richtig läuft, prüfen Sie zuerst, ob alle Außenleiter (Phasen) in der Netzsteckdose Spannung führen und ob alle Adern des Netzanschlußkabels im Stecker fest angeklemmt sind.

Darstellung

Bezeichnung der Leiter:

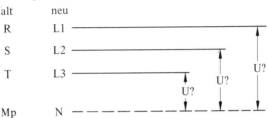

Erläuterung

Immer wieder kommt es vor, daß Kundendiensttechniker wegen eines angeblich defekten Schweißgerätes gerufen werden und dann feststellen müssen, daß lediglich eine Netzsicherung durchgebrannt ist oder daß ein Defekt in der Netzsteckdose oder im Stecker vorliegt. Den Defekt in der Steckdose können Sie feststellen, wenn Sie das Schweißgerät an eine andere Steckdose anschließen!

Fehler

Gerät läuft nicht
oder Lüfter und Wasserpumpe laufen nicht
oder mangelnde Schweißleistung bei unruhigem Lichtbogen

Beseitigung des Fehlers

Durchgebrannte Sicherung ersetzen,
defekte Steckdose, defekten Stecker, defekte Anschlüsse reparieren.

Achtung:
Arbeiten an elektrischen Teilen nur durch einen Fachmann oder durch eine unterwiesene Person, die über ihre Aufgaben sowie die Gefahren bei unsachgemäßem Verhalten unterrichtet und über die notwendigen Schutzmaßnahmen belehrt worden ist.

Schweißverfahren WIG-, MIG-, MAG-Schweißen, Plasmaschweißen, Plasmaschneiden	**Arbeitsregel-Nr.** **7**
Grundwerkstoffe Alle Metalle	**Betriebsbereitschaft**

Arbeitsregel

Wenn Sie die Sicherung im Netz oder im Gerät überprüfen, dann denken Sie daran, daß bei Schmelzsicherungen das farbige Sicherungsköpfchen („Kennmelder" laut VDE) gelegentlich **nicht** abfällt, auch wenn die Sicherung durchgebrannt ist.

Darstellung

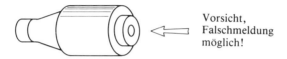

Vorsicht, Falschmeldung möglich!

Erläuterung

Nach Ausfall eines Gerätes gehört das Überprüfen der Sicherung zu den ersten Schritten. Verlassen Sie sich nicht darauf, daß eine Sicherung unbeschädigt ist, weil das farbige Köpfchen nicht abgefallen ist. Es kommt immer wieder vor, daß das Köpfchen an seiner Stelle bleibt, obwohl die Schmelzsicherung durchgebrannt ist.

Fehler

Sicherung hat Stromdurchgang unterbrochen,
Ausfall von Gerätefunktionen.

Beseitigung des Fehlers

Sicherungseinsatz austauschen.

Achtung:

Arbeiten an elektrischen Teilen nur durch einen Fachmann oder durch eine unterwiesene Person, die über ihre Aufgaben sowie die Gefahren bei unsachgemäßem Verhalten unterrichtet und über die notwendigen Schutzmaßnahmen belehrt worden ist.

Schweißverfahren	Arbeitsregel-Nr.	8
WIG-, MIG-, MAG-Schweißen, Plasmaschweißen, Plasmaschneiden		
Grundwerkstoffe	**Betriebsbereitschaft**	
Alle Metalle		

Arbeitsregel
Beachten Sie die auf dem Leistungsschild von Stromquellen angegebenen Werte für die Einschaltdauer ED und denken Sie daran, daß diese Werte für einen Zyklus (Belastung mit Erwärmung des Gerätes – Leerlauf mit Abkühlung) von 10 Minuten gelten. Kaufen Sie Geräte mit ausreichender Leistung.

Darstellung

Erläuterung
Ein höchstzulässiger Strom von 350 A bei 60% ED bedeutet beispielsweise, daß das Gerät dauernd mit 350 A im Rahmen des 10-Minuten-Zyklus belastet werden darf (also 6 Minuten unter Last, 4 Minuten Abkühlpause im Leerlauf), ohne seine zulässige Endtemperatur zu überschreiten. Werden die Abkühlpausen nicht regelmäßig eingehalten – und dies trifft meistens auf das Schutzgasschweißen zu – dann wird die zulässige Temperatur nach einer gewissen Betriebszeit überschritten. Dies wird vermieden, wenn Sie sich an dem höchstzulässigen Strom bei 100% ED orientieren.
Der 10-Minuten-Zyklus gilt seit Anfang 1991. Ältere Geräte sind nach dem vorher geltenden 5-Minuten-Zyklus ausgelegt.

Fehler
Gerät schaltet wegen unzulässiger Erwärmung ab, unfreiwillige Arbeitspause. Falls Gerät keine Thermoschalter besitzt: Gefahr für Transformatorwicklung durch Überhitzung.

Beseitigung des Fehlers
—

Schweißverfahren		
WIG-, MIG-, MAG-Schweißen, Plasmaschweißen, Plasmaschneiden	**Arbeitsregel-Nr.**	**9**
Grundwerkstoffe		
Alle Metalle	**Betriebsbereitschaft**	

Arbeitsregel
Prüfen Sie in regelmäßigen Zeitabständen (zum Beispiel anläßlich des Ausblasens) Schraub- und Klemmanschlüsse der Stromquelle, insbesondere den Anschluß des Netzkabels an den Anschlußklemmen und seine Zugentlastung.
Achtung: Vor Öffnen des Gerätes Netzstecker ziehen!

Darstellung

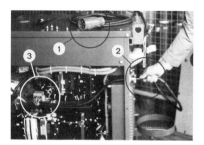

1: Netzstecker gezogen

2: Zugentlastung prüfen

3: Anschlußklemmen prüfen

Erläuterung
Am Netzanschlußkabel des Gerätes wird gelegentlich gezogen. Deshalb muß die Zugentlastung immer intakt sein, sonst werden die Anschlußklemmen beschädigt oder die Klemmleiste herausgerissen. Wenn die Anschlußklemmen locker geworden sind, erwärmen sie sich und können verbrennen. Ziehen Sie alle Schraubverbindungen nach. Prüfen Sie die Isolation von Anschlußkabel und Schweißkabel, insbesondere in der Kabelverschraubung bei der Durchführung der Kabel durch die Gehäusewand.

Fehler
Schlechter Kontakt, Erwärmung, Schmorstellen oder Unterbrechungen, fehlender Kontakt, Ausfall von Gerätefunktionen.

Beseitigung des Fehlers
Defekte Teile ersetzen.

Achtung:
Arbeiten an elektrischen Teilen nur durch einen Fachmann oder durch eine unterwiesene Person, die über ihre Aufgaben sowie die Gefahren bei unsachgemäßem Verhalten unterrichtet und über die notwendigen Schutzmaßnahmen belehrt worden ist.

Schweißverfahren WIG-, MIG-, MAG-Schweißen, Plasmaschweißen, Plasmaschneiden	**Arbeitsregel-Nr.** **10**
Grundwerkstoffe Alle Metalle	**Betriebsbereitschaft**
Arbeitsregel Schalten Sie die Stufenschalter an Ihrem Gerät **nie** unter Last.	

Darstellung

Schweißstrom I = 200 A   Schweißstrom I = 0
falsch   richtig

Erläuterung
Wenn ein Stufenschalter unter Last geschaltet wird, können sich beim Trennen der Schalterkontakte – während der Strom fließt – Lichtbögen bilden, welche die Kontaktflächen zerstören. Handelt es sich dabei um den Spannungswahlschalter, dann können Ausgleichsströme fließen, die zum Verbrennen des Kabelbaums und des Transformators führen. Defekte Stufenschalter können auch zu mangelnder Leistung des Gerätes führen.

Fehler
Stufenschalter defekt, Gerät nicht mehr betriebsbereit. Im schlimmsten Fall: Kabelbaum verbrannt, Transformator verbrannt.

Beseitigung des Fehlers
Defekte Bauteile durch Elektriker oder Kundendiensttechniker ersetzen lassen.

Achtung:
Arbeiten an elektrischen Teilen nur durch einen Fachmann oder durch eine unterwiesene Person, die über ihre Aufgaben sowie über Gefahren bei unsachgemäßem Verhalten unterrichtet und über notwendige Schutzmaßnahmen belehrt worden ist.

Schweißverfahren		
WIG-, MIG-, MAG-Schweißen, Plasmaschweißen, Plasmaschneiden	**Arbeitsregel-Nr.**	**11**
Grundwerkstoffe		
Alle Metalle	**Betriebsbereitschaft**	

Arbeitsregel
Öffnen Sie kurz das Flaschenventil der Schutzgasflasche, bevor Sie nach einem Flaschenwechsel den Druckminderer anschrauben.

Darstellung

Erläuterung
Im Anschlußstutzen der Gasflasche kann sich beim Transport etwas Schmutz oder Staub angesammelt haben. Wenn Sie solche Verunreinigungen **vor** dem Aufschrauben des Druckminderers nicht ausblasen, könnten sie – insbesondere dann, wenn das im Anschlußstutzen des Druckminderers eingebaute Sieb defekt ist – mit dem Gasstrom in den Druckminderer kommen und seine Funktion stören. Verunreinigungen auf dem Ventilsitz führen zu einem „Läufer"; das heißt, nach Abschalten des Gerätes steigt der Arbeitsdruck über den auf der Manometerskala gekennzeichneten zulässigen Druck an.

Fehler
Unzureichende Gaszufuhr infolge Verschmutzung im Druckminderer
oder
Abblasen des Druckminderers über das Sicherheitsventil nach Abstellen des Schutzgasgerätes.

Beseitigung des Fehlers
Sieb im Anschlußstutzen des Druckminderers prüfen, gegebenenfalls ersetzen (Ersatzteilliste des Lieferanten beachten)
oder Ventileinsatz ersetzen (nur durch einen Fachmann)
oder ersetzen lassen (durch Reparaturwerkstatt des Lieferanten).

Schweißverfahren		
WIG-, MIG-, MAG-Schweißen, Plasmaschweißen, Plasmaschneiden	Arbeitsregel-Nr.	12
Grundwerkstoffe		
Alle Metalle	**Betriebsbereitschaft**	

Arbeitsregel
Blasen Sie die Stromquelle in den laut Betriebsanleitung vorgesehenen regelmäßigen Zeitabständen mit trockener und ölfreier Druckluft aus.
Achtung: Vor Öffnen des Gerätes Netzstecker ziehen!

Darstellung

Erläuterung
Die Kühlluft, die in das Innere der Stromquelle gesaugt wird, führt Staub (gegebenenfalls auch Metallstaub vom Schleifen und verölte Staubteile) mit, der sich auf den inneren Bauteilen, wie Transformator-Wicklungen, Spulen, Gleichrichterplatten, Wasserpumpe, Lamellen- oder Rippenrohrkühler, festsetzt. Auch die Einlaßöffnungen für die Kühlluft können verschmutzen.

Fehler
Mangelnde Kühlung von Bauteilen, gegebenenfalls Neigung zu Spannungsüberschlägen oder Kriechströmen. Je nach Bauart: Ausfall der Steuerung durch Verschmutzung von Kontakten.

Beseitigung des Fehlers
Ausblasen „mit Gefühl" — dabei den Staub nicht in offen liegende Schaltschütze und Schalter blasen. Bei betriebsbedingter starker Verschmutzung in kürzeren Zeitabständen ausblasen als die Betriebsanleitung vorschreibt.

Schweißverfahren		
WIG-, MIG-, MAG-Schweißen, Plasmaschweißen, Plasmaschneiden	Arbeitsregel-Nr.	13
Grundwerkstoffe		
Alle Metalle	Betriebsbereitschaft	

Arbeitsregel

Gilt nur für Geräte mit Wasserkühlung:
Setzen Sie bei Frostgefahr dem Kühlwasser ein Frostschutzmittel in ausreichender Konzentration zu. Beachten Sie besondere Hinweise des Geräteherstellers über Zusätze zur Kühlflüssigkeit (beispielsweise zur Vermeidung elektrolytischer Abtragung im Brenner).

Darstellung

Erläuterung

Während Sonn- und Feiertagen werden im Winter Werkstätten oft nicht geheizt. Wassergekühlte Geräte ohne Frostschutzmittel frieren dann ein. Kühler und Schläuche können platzen, Pumpen und Wasserdruckschalter zerstört werden.
Vorsicht mit dem Zusatz von Spiritus! Verschüttete Mengen bilden Brandherde. Überlaufende Mengen im Gerät können durch Schaltfunken oder Bürstenfeuer in Brand geraten. Ziehen Sie ungefährliche Frostschutzmittel vor.
Noch sicherer: Verwenden Sie das vom Hersteller empfohlene, nicht zum Mischen vorgesehene Original-Kühlmittel!

Fehler

Schäden im Kühlsystem des Gerätes oder Brenners.

Beseitigung des Fehlers

Defekte Teile ersetzen.

Achtung:
Arbeiten an elektrischen Teilen nur durch einen Fachmann oder durch eine unterwiesene Person, die über ihre Aufgaben sowie über Gefahren bei unsachgemäßem Verhalten unterrichtet und über notwendige Schutzmaßnahmen belehrt worden ist.

Schweißverfahren		
WIG-, MIG-, MAG-Schweißen, Plasmaschweißen, Plasmaschneiden	**Arbeitsregel-Nr.**	**14**
Grundwerkstoffe		
Alle Metalle	**Betriebsbereitschaft**	

Arbeitsregel

Gilt für Geräte mit Wasserkühlung:
Überprüfen Sie den Füllstand des Kühlsystems, wenn sich zwar das Gerät mit einigen Funktionen (Kontrollampe, Ventilator, Wasserpumpe), nicht jedoch der Schweiß- oder Schneidstrom einschalten läßt.

Darstellung

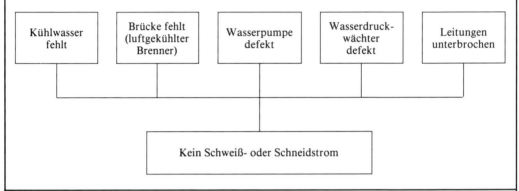

Erläuterung

Durch einen Wasserdruckwächter oder Strömungswächter im Gerät werden wassergekühlte Brenner abgesichert, damit nicht ohne Kühlwasser geschweißt und der Brenner durch Überhitzung beschädigt oder zerstört wird. Die Sicherheitseinrichtung liegt meistens im Stromkreis, der das Schweißstromschütz einschaltet. Wenn das Kühlwasser fehlt, wird der Schweißstrom nicht eingeschaltet, obwohl Lüfter oder Drahtvorschub in Betrieb sind. Tritt diese Erscheinung bei korrektem Füllstand auf, dann können Wasserpumpe oder Druckwächter (Strömungswächter) oder der dort angebrachte Schalter (Mikroschalter) defekt sein.

Fehler

Kein Schweiß- oder Schneidstrom

Beseitigung des Fehlers

Kühlflüssigkeit nachfüllen,
gegebenenfalls Wasserpumpe, Druckwächter, Mikroschalter ersetzen.

Achtung:
Arbeiten an elektrischen Teilen nur durch einen Fachmann oder durch eine unterwiesene Person, die über ihre Aufgaben sowie über Gefahren bei unsachgemäßem Verhalten unterrichtet und über notwendige Schutzmaßnahmen belehrt worden ist.

Schweißverfahren		
WIG-, MIG-, MAG-Schweißen, Plasmaschweißen, Plasmaschneiden	**Arbeitsregel-Nr.**	**15**
Grundwerkstoffe		
Alle Metalle	**Betriebsbereitschaft**	

Arbeitsregel

Gilt für wassergekühlte Brenner:
Prüfen Sie bei starker, ungewohnter Erwärmung des Brenners, ob genug Kühlwasser fließt. Wenn zu wenig Wasser fließt, spülen Sie den Brenner in umgekehrter Strömungsrichtung mit sauberem Wasser durch.

Darstellung

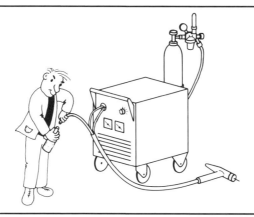

Erläuterung

Durch Verunreinigungen im Kühlwassersystem kann es zur Verstopfung von feinen Kühlkanälen im Brenner kommen. Dann fließt zu wenig Kühlwasser, obwohl genügend Pumpendruck anliegt. Der Wassermangelschalter spricht dabei nicht an. Sie können die Kühlwassermenge sehr einfach prüfen, indem Sie den Wasserrücklauf des Brenners am Gerät abschrauben, das Gerät einschalten und die jetzt geförderte Wassermenge **messen.** Dazu reicht eine leere Flasche aus – sie sollte in etwa 20 s gefüllt sein. Dies entspricht einer Kühlwassermenge von 1,5 l/m.
Die Probe funktioniert dann nicht, wenn der Kühlwasserrücklauf durch ein Absperrventil hinter der Frontplatte abgesperrt ist oder wenn sich ein Rohrkrümmer am Einlauf zum Kühlwasserbehälter mit Kalk zugesetzt hat.

Fehler

Brennerkühlraum verstopft,
Brenner wird zu heiß.

Beseitigung des Fehlers

Kühlwassermenge messen,
Brenner freispülen,
anschließend das bei der Messung verbrauchte Kühlwasser nachfüllen.

Schweißverfahren		
WIG-, MIG-, MAG-Schweißen, Plasmaschweißen, Plasmaschneiden	Arbeitsregel-Nr.	**16**
Grundwerkstoffe	**Handhabung**	
Alle Metalle	**allgemein**	

Arbeitsregel

Sorgen Sie für eine einwandfreie Beschaffenheit der Werkstückleitung sowie für deren richtigen Anschluß am Gerät und am Werkstück.

Darstellung

verriegeln! falsch richtig

Erläuterung

Der Spannungsabfall in der Werkstückleitung soll möglichst gering sein. Deshalb Stecker am Schweißgerät – wenn vom Hersteller vorgesehen – durch Drehung verriegeln. Bei Anschluß mit Kabelschuh diesen sicher am Bolzen festschrauben. Werkstückklemme sicher am Werkstück befestigen, nicht nur lose anhängen. Bei magnetischen Werkstückklemmen die Kontaktflächen prüfen und säubern.

Zustand des Kabels prüfen:
Der volle Querschnitt muß auch an der Anschlußstelle der Kabelschuhe erhalten sein. Die Isolation der Werkstückleitung muß auf ihrer ganzen Länge unbeschädigt sein.

Fehler

Spannungsabfall im Schweißstromkreis, Energieverlust.
Unzulässige Erwärmung an der Anschlußstelle der Stromquelle.
Bei wechselndem Widerstand unruhiger MIG- und MAG-Lichtbogen mit Längenänderungen.

Beseitigung des Fehlers

Regelmäßig überwachen,
defekte Teile sofort ersetzen!

Schweißverfahren WIG-, MIG-, MAG-Schweißen, Plasmaschweißen, Plasmaschneiden	**Arbeitsregel-Nr.**	**17**
Grundwerkstoffe Alle Metalle	**Handhabung** allgemein	

Arbeitsregel
Halten Sie alle Hilfsmittel, mit denen Sie die Werkstückleitung am Werkstück befestigen (Polschraubzwingen, Werkstückzangen), in gutem Zustand. Beachten Sie beim Anklemmen der Werkstückleitung, daß Farb- und andere Schichten isolierend wirken können.

Darstellung

Bild 1

Bild 2

Bild 3

Bild 4

Erläuterung
Die in den Bildern gezeigten Raritäten stammen aus der Praxis. Bild 1 zeigt ein zu einem Haken gebogenes Rohr, welches in einem kleinen Stahlbaubetrieb über das Werkstück geworfen wurde. Der als Ersatz gelieferten Polschraubzwinge (Bild 2) ging es nach kurzer Zeit nicht besser, weil das Gewinde nicht mehr gängig war. Die in den Bildern 3 und 4 gezeigten Zangen stellen einen guten Kontakt zum Werkstück her, aber nur, wenn sie rechtzeitig ersetzt werden.

Fehler
Wie Arbeitsregel 16

Beseitigung des Fehlers
Schweißplätze überwachen, defekte Teile ersetzen,
Schweißer und Aufsichtspersonen schulen.

Schweißverfahren WIG-, MIG-, MAG-Schweißen	Arbeitsregel-Nr.	**18**
Grundwerkstoffe Alle Metalle	**Handhabung** **allgemein**	

Arbeitsregel
Wählen Sie die für Ihre Schweißarbeit vorgeschriebene Schutzgasmenge – nicht zu wenig, aber auch nicht zu viel.

Darstellung

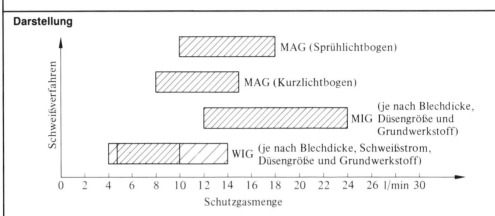

Erläuterung
Wer zu wenig Schutzgas einstellt, erhält mangelnden Gasschutz. Wer aber zu viel Schutzgas einstellt, verbessert keinesfalls den Gasschutz. Dann nämlich kommt es zu einer zu großen Ausströmgeschwindigkeit aus der Gasdüse und zu Wirbelbildung im Schutzgasstrom. Die Wirbel bringen Luft in den Schutzgasstrom. Deshalb werden als Richtwerte auch empfohlen:

WIG: 6 l/min bei 100 A, 10 l/min bei 300 A
MIG Aluminium: 15 l/min bei 1 mm, 25 l/min bei Drahtelektrode 1,6 mm
MAG Kurzlichtbogen: 10 l/min bei 0,8 mm, 12 l/min bei Drahtelektrode 1 und 1,2 mm
MAG Sprühlichtbogen: 15 l/min bei 1 und 1,2 mm, 20 l/min bei Drahtelektrode 1,6 mm.

Fehler
Poren

Beseitigung des Fehlers
Fehlstelle entfernen (zum Beispiel ausschleifen, ausmeißeln, thermisch ausfugen) und nachschweißen. Dabei Wirkung der erneuten Erwärmung beachten (zum Beispiel Eigenspannungen, Verzug, Gefügeveränderung in der Wärmeeinflußzone).

Schweißverfahren		
WIG-, MIG-, MAG-Schweißen, Plasmaschweißen, Plasmaschneiden	**Arbeitsregel-Nr.**	**19**
Grundwerkstoffe	**Handhabung**	
Alle Metalle	**allgemein**	

Arbeitsregel

Kontrollieren Sie regelmäßig, ob die angezeigte Schutzgasmenge stimmt, wenn Sie **keinen** Druckminderer mit Schwebekörperanzeige verwenden.

Darstellung

Druckminderer mit Schwebekörper: diese Anzeige stimmt

Druckminderer mit Manometer: diese Anzeige kann falsch sein

Mengenprüfröhrchen

Erläuterung

Wenn die Schutzgasmenge an einem Manometer mit Litereichung gemessen wird, muß die dabei erforderliche Staudüse in Ordnung sein. Es muß die für den Meßbereich richtige Düse sein; sie darf nicht ganz oder teilweise verstopft sein; sie darf nicht absichtlich oder versehentlich entfernt worden sein. Staudüsen werden entweder angeschraubt (zwischen Druckminderer und Gasschlauch oder Gerät und Brenner) oder werden vom Hersteller in den Druckminderer eingebaut (zum Beispiel im Anschlußstutzen für den Gasschlauch).

Fehler

Falsche Schutzgasmenge

Beseitigung des Fehlers

Staudüse prüfen, notfalls ausblasen oder ersetzen.
Prüfen mit einem Mengenprüfröhrchen, das auf die Gasdüse des Brenners aufgesetzt wird.

Schweißverfahren WIG-, MIG-, MAG-Schweißen, Plasmaschweißen	Arbeitsregel-Nr. **20**
Grundwerkstoffe Alle Metalle	**Handhabung** **allgemein**

Arbeitsregel
Lassen Sie den Schutzgasschleier nicht durch einen Luftzug wegblasen.
Sorgen Sie für eine Abschirmung des Schweißplatzes.

Darstellung

Erläuterung
Der Schutzgasschleier vor der Gasdüse kann durch eine seitliche Luftströmung gestört werden. Dafür gibt es verschiedene Ursachen: offen stehende Fenster oder Türen, Heizungsgebläse, Luftaustritt von ungünstig stehenden Stromquellen. Mangelnde Abdeckung des Schweißbades durch Schutzgas führt zu Poren. Wenn die Ursache des Luftzuges nicht beseitigt werden kann, müssen Sie örtlich abschirmen (im Freien notfalls durch ein Schutzzelt).

Fehler
Poren

Beseitigung des Fehlers
Fehlstellen entfernen (zum Beispiel ausschleifen, ausmeißeln, thermisch ausfugen) und nachschweißen. Dabei Wirkung der erneuten Erwärmung beachten (zum Beispiel Eigenspannungen, Verzug, Gefügeveränderungen in der Wärmeeinflußzone).

Schweißverfahren	Arbeitsregel-Nr.	
WIG-, MIG-, MAG-Schweißen, Plasmaschweißen		**21**
Grundwerkstoffe	**Handhabung**	
Alle Metalle	allgemein	

Arbeitsregel

Prüfen Sie, ob Gasschläuche und Magnetventil verstopft sind, wenn Sie wegen mangelnder Schutzgasabdeckung Poren im Schweißgut bekommen. Prüfen Sie, ob die Schraubanschlüsse der Gasschläuche (auch Schweißbrenneranschluß) fest angezogen sind.

Darstellung

alle Schraubanschlüsse mit dem Schlüssel fest anziehen!

Erläuterung

Wenn Sie mit dem Mengenprüfröhrchen festgestellt haben, daß zu wenig oder überhaupt kein Schutzgas am Brenner ausströmt, müssen Sie die Ursache suchen. Eine der Ursachen kann sein, daß Magnetventil oder Gasschläuche keinen oder keinen vollständigen Durchgang mehr haben. Bei luftgekühlten Brennern mit Stromkabel im Gasschlauch kann Überlastung des Stromkabels oder örtliche Überhitzung durch verringerten Kabelquerschnitt zum Verformen des Gasschlauches führen (gelegentlich auch bei getrennter Führung von Gasschlauch und Stromkabel).

Fehler

Poren

Beseitigung des Fehlers

Schraubanschlüsse festziehen,
Verstopfung beseitigen,
Schläuche ersetzen.

Fehlstellen in der Schweißnaht entfernen (zum Beispiel ausschleifen, ausmeißeln, thermisch ausfugen) und nachschweißen. Dabei Wirkung der erneuten Erwärmung beachten (zum Beispiel Eigenspannungen, Verzug, Gefügeveränderungen in der Wärmeeinflußzone).

Schweißverfahren		
WIG-, MIG-, MAG-Schweißen, Plasmaschweißen	Arbeitsregel-Nr.	22
Grundwerkstoffe Alle Metalle	**Handhabung** **allgemein**	

Arbeitsregel

Prüfen Sie Schweißbrenner, Gasschläuche, Magnetventil sowie alle Verschraubungen an der Schutzgaszuleitung auf Dichtheit, wenn Sie trotz ausreichender Schutzgasmenge (gemessen an der Gasdüse) Poren im Schweißgut erhalten.

Darstellung

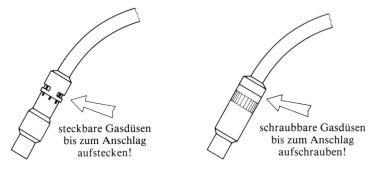

steckbare Gasdüsen
bis zum Anschlag
aufstecken!

schraubbare Gasdüsen
bis zum Anschlag
aufschrauben!

Erläuterung

Selbst kleine Undichtheiten in der Schutzgaszuleitung können unter bestimmten strömungstechnischen Voraussetzungen zum Ansaugen von Luft in den Schutzgasstrom führen. Dazu gehören auch Haarrisse im Brennerkörper, Risse in keramischen Gasdüsen, kleine Löcher im Gasschlauch des Schlauchpaketes, undichte Verschraubung der Gasdüse und nicht bis zum Anschlag aufgeschobene Gasdüsen.

Fehler

Poren

Beseitigung des Fehlers

Undichtheiten beseitigen,
defekte Teile am Gerät oder Brenner ersetzen,
Fehlstellen in der Schweißnaht entfernen (zum Beispiel ausschleifen, ausmeißeln, thermisch ausfugen) und nachschweißen.

Schweißverfahren WIG-, MIG-, MAG-Schweißen, Plasmaschweißen, Plasmaschneiden	Arbeitsregel-Nr. **23**
Grundwerkstoffe Alle Metalle	**Handhabung** **allgemein**

Arbeitsregel
Schalten Sie das Gerät ab und schließen Sie das Flaschenventil, wenn Sie die Schweiß- oder Schneidarbeit für längere Zeit unterbrechen.

Darstellung

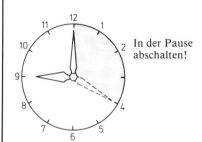

In der Pause abschalten!

Erläuterung
Das Abschalten des Gerätes bei längeren Pausen spart Strom und verhindert unbeabsichtigtes oder mutwilliges Einschalten am Brennerschalter durch fremde Personen mit den dabei möglichen Folgen.
Das Schließen des Flaschenventils verhindert Schutzgasverluste, wenn kleine Leckstellen beim Anschluß des Druckminderers an die Flasche, am Druckminderer, am Schutzgasschlauch und seinen Anschlüssen oder am Magnetventil im Gerät entstanden sind.

Fehler
Verschwendung von Energie, gegebenenfalls von Schutzgas.

Beseitigung des Fehlers
—

Schweißverfahren WIG-, MIG-, MAG-Schweißen, Plasmaschweißen	**Arbeitsregel-Nr.** **24**
Grundwerkstoffe Alle Metalle	**Handhabung** **allgemein**

Arbeitsregel
Achten Sie beim Schweißen von Wurzellagen auf die Unterraupe, wenn das Werkstück einem Korrosionsangriff ausgesetzt wird. Erzeugen Sie einen Schutzgasstau an der Nahtunterseite durch eine Unterlegschiene (an geraden Längsnähten), einen Spreizdorn (an Rundnähten) oder durch Klebeband (Aluminiumfolie mit Glasgewebe).

Darstellung

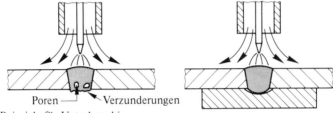

Poren — Verzunderungen

Beispiele für Unterlegschienen:

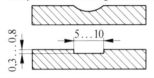

für legierte und unlegierte
Stähle aus Kupfer,
für Aluminium vorzugsweise
aus Chrom-Nickel-Stahl

Erläuterung
Durch den noch unverschweißten Spalt kann eine kleine Menge Schutzgas auf die Rückseite der Naht gelangen. Wird diese Strömung durch eine Unterlegschiene aufgehalten, dann kann sich in der Nut der Schiene ein für den Unterraupenschutz oft ausreichender Schutzgasstau bilden. Die Unterraupe oxidiert nicht, sie bleibt blank. Gleichzeitig wird durch die Schiene der Nahtdurchhang begrenzt.

Fehler
Chrom-Nickel-Stahl: verzunderte Nahtrückseite, Korrosion,
andere Metalle: schlecht ausgebildete Unterraupe.

Beseitigung des Fehlers
Nachträgliche Beseitigung meist nicht mehr möglich. Es muß von der Gegenseite nachgeschweißt oder
− wenn diese nicht zugänglich ist − die Naht neu geschweißt werden.

Schweißverfahren WIG-, MIG-, MAG-Schweißen, Plasmaschweißen	**Arbeitsregel-Nr.** **25**
Grundwerkstoffe Alle Metalle	**Handhabung** allgemein

Arbeitsregel

Wenn die aus Korrosionsgründen oder anderen Gründen verlangte zunderfreie Unterraupe nicht nach Arbeitsregel 24 erzielt werden kann, sollten Sie die Nahtunterseite getrennt mit Gasen zum Wurzelschutz begasen. Besprechen Sie Einzelheiten der Anwendung – insbesondere auch die richtige Auswahl des Wurzelschutzgases – mit dem Gaseberater.

Darstellung

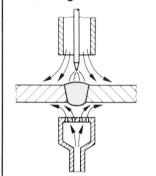 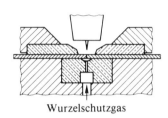 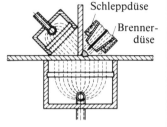

Wurzelschutzgas

Schleppdüse
Brennerdüse

Erläuterung

Arbeitsregel 24 kann aus verschiedenen Gründen nicht anwendbar sein: ungünstige Form des Werkstücks, zu hohe Kosten für den Bau einer Unterraupen-Schutzeinrichtung, zu exakte Passung der Blechkanten (beispielsweise beim vollmechanischen Schweißen in Längsnahtschweißmaschinen).
Dann wird mit einer Düse bzw. Brause Gas zum Wurzelschutz auf die Nahtunterseite geführt (linkes Bild), beispielsweise an großen Bauteilen. Beim vollmechanischen Schweißen erhält die Unterlegschiene Bohrungen, aus denen das Gas zum Wurzelschutz auf die Wurzelunterseite strömt (mittleres Bild).
In besonders kritischen Fällen kann es auch erforderlich werden, die Gegenseite von Kehlnähten zu begasen (rechtes Bild).

Fehler

Wie Arbeitsregel 24

Beseitigung des Fehlers

Wie Arbeitsregel 24

Schweißverfahren		
WIG-, MIG-, MAG-Schweißen, Plasmaschweißen	**Arbeitsregel-Nr.**	**26**
Grundwerkstoffe		
Alle Metalle	**Handhabung allgemein**	

Arbeitsregel

Beachten Sie bei der Auswahl eines Gases zum Wurzelschutz das DVS-Merkblatt 0937. Besprechen Sie Einzelheiten der Anwendung mit dem Berater Ihres Gaselieferanten.

Darstellung

Empfohlene Wurzelschutzgase für verschiedene Werkstoffarten.

Wurzelschutzgase	Werkstoffe
Argon-Wasserstoff-Gemische	austenitische Cr-Ni-Stähle, Ni und Ni-Basis-Werkstoffe
Stickstoff-Wasserstoff-Gemische	Stähle, mit Ausnahme hochfester Feinkornbaustähle, austenitische Cr-Ni-Stähle
Argon	austenitische Cr-Ni-Stähle, austenitisch-ferritische Stähle (Duplex), gasempfindliche Werkstoffe (Titan, Zirkonium, Molybdän), wasserstoffempfindliche Werkstoffe (hochfeste Feinkornbaustähle, Kupfer und Kupferlegierungen, Aluminium und Aluminiumlegierungen sowie sonstige NE-Metalle), ferritische Cr-Stähle
Stickstoff	austenitische Cr-Ni-Stähle, austenitisch-ferritische Stähle (Duplex)

Erläuterung

Die Wahl des Schutzgases hängt von Werkstoff, Bauteilform, Art der Gasführung und den Schweißbedingungen ab.

Wasserstoffhaltige Schutzgase (übliche Bezeichnung für Stickstoff-Wasserstoff-Gemische ist „Formiergase") sind nicht geeignet an wasserstoffempfindlichen hochfesten Feinkornbaustählen, an nicht sauerstofffreiem Kupfer und Kupferlegierungen, an Aluminium und seinen Legierungen.

Argon vermindert den Wurzeldurchhang durch Erhöhung der Oberflächenspannung (gut bei dünnflüssigen oder großen Schmelzbädern). Mit Wasserstoffzusatz erreicht man eine zusätzliche reduzierende Wirkung – Restmengen an Sauerstoff werden abgebunden, die Bildung von Anlauffarben (Oxiden) weitgehend vermieden.

Fehler

Wie Arbeitsregel 24

Beseitigung des Fehlers

Wie Arbeitsregel 24

Schweißverfahren		
Vorwiegend WIG-Schweißen	**Arbeitsregel-Nr.**	**27**
Grundwerkstoffe	**Handhabung**	
Vorwiegend Stähle (insb. Chrom-Nickel-Stähle und Rohrstähle)	**allgemein**	

Arbeitsregel

Spülen Sie kleinere Behälter sowie Rohrleitungen mit Schutzgas oder Formiergas, damit Sie eine fehlerfreie, oxidfreie Unterraupe bekommen. Besprechen Sie die richtige Auswahl des Gases mit Ihrem Gaseberater.

Darstellung

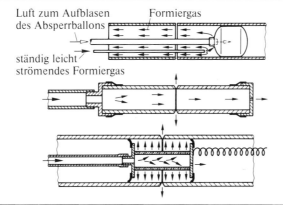

(nach Farwer)

Erläuterung

Bei längeren Rohrleitungen empfiehlt sich die Verwendung eines Absperrballons (oberes Bild) oder einer Gasbrause mit Abdeckmanschetten (unteres Bild).
Bei kurzen Leitungen mit nur einem Schweißstoß – insbesondere bei kleinen Rohrdurchmessern – ist es wirtschaftlich vertretbar, das ganze Rohr durchströmen zu lassen (mittleres Bild). Das gilt auch, wenn Abzweigungen vorhanden sind. Diese sind dann mit Endkappen zu verschließen, welche durch eine kleine Bohrung als Ausströmöffnung das begrenzte Ausströmen des Wurzelschutzgases erlauben.
Dadurch entsteht infolge geringen Überdrucks eine leichte Gasströmung durch den Schweißspalt. Ein zu hoher Staudruck im Rohrsystem führt zu einem Wurzelrückfall, besonders am Ende der Rundnaht.
Die Ausströmöffnung dient bei wasserstoffhaltigen Schutzgasen gleichzeitig zum Abfackeln des Wasserstoffs, insbesondere bei Stickstoff-Wasserstoff-Gemischen („Formiergasen") mit Wasserstoffgehalten über 10%.
Weitere Einzelheiten (andere Abdichtmethoden, Vorspülen, Durchflußmengen beim Formieren) enthält das DVS-Merkblatt 0937.

Fehler

Chrom-Nickel-Stahl: verzunderte Nahtrückseite, Korrosion,
andere Metalle: schlecht ausgebildete Unterraupe.

Beseitigung des Fehlers

Nachträgliche Beseitigung meist nicht mehr möglich. Es muß von der Gegenseite nachgeschweißt oder – wenn diese nicht zugänglich ist – die Naht neu geschweißt werden.

Schweißverfahren		Arbeitsregel-Nr.	**28**
WIG-, MIG-, MAG-Schweißen, Plasmaschweißen			
Grundwerkstoffe		**Handhabung**	
Alle Metalle		allgemein	

Arbeitsregel
Verwenden Sie bei der Arbeit mit Gasen für den **Wurzelschutz** unbedingt einen Druckminderer mit **Mengenmesser,** damit die Gasmenge richtig dosiert werden kann.

Darstellung

Mengenanzeige durch Manometer mit Litereichung (Staudüse im Druckminderer eingebaut) Nicht empfehlenswert!

Mengenanzeige durch Schwebekörper

Erläuterung
Durch Verwendung eines Druckminderers mit Druckanzeige wurden an einer Längsschweißmaschine viel zu hohe Formiergasmengen eingestellt. In regelmäßigen Abständen – nämlich jeweils über den Bohrungen, durch welche das Wurzelschutzgas unter die Naht geführt wird – wurde die Naht nicht durchgeschweißt. Der Fehler war auf der Blechoberseite nicht sichtbar.

Fehler
Stellenweise Naht nicht durchgeschweißt.

Beseitigung des Fehlers
Formiergasmenge richtig einstellen.

Schweißverfahren WIG-, MIG-, MAG-Schweißen, Plasmaschweißen	Arbeitsregel-Nr. **29**
Grundwerkstoffe Alle Metalle, insbesondere Aluminium und Al-Legierungen	**Handhabung** **allgemein**

Arbeitsregel
Gilt nur für wassergekühlte Brenner ohne geschlossenen Kühlkreislauf:
Ersetzen Sie die Brennerdichtungen, wenn Sie Poren in der Schweißnaht feststellen.

Darstellung

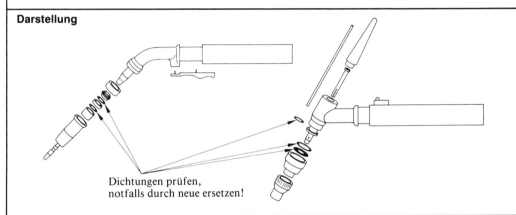

Dichtungen prüfen,
notfalls durch neue ersetzen!

Erläuterung
Aluminium ist besonders anfällig für die durch Wasserstoff hervorgerufene Porosität. Selbst kleinste Undichtheiten im Brenner, die bei der Prüfung noch nicht durch das sichtbare Austreten von Tropfen festgestellt werden, können kleine Mengen Wasserdampf in die Schutzgasatmosphäre bringen.

Fehler
Poren

Beseitigung des Fehlers
Fehlstellen entfernen (zum Beispiel ausschleifen, ausmeißeln, thermisch ausfugen) und nachschweißen. Dabei Wirkung der erneuten Erwärmung beachten (zum Beispiel Eigenspannungen, Verzug, Gefügeveränderungen in der Wärmeeinflußzone).

Schweißverfahren WIG-, MIG-, MAG-Schweißen	**Arbeitsregel-Nr.** 30
Grundwerkstoffe Alle Metalle	**Handhabung** allgemein

Arbeitsregel
Achten Sie darauf, daß der Lichtbogen immer in der Mitte der Schutzgasglocke brennt.

Darstellung

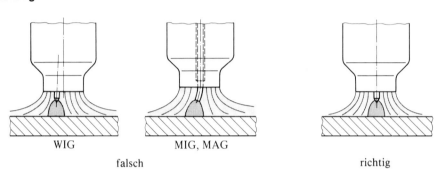

WIG MIG, MAG

falsch richtig

Erläuterung
Beim WIG-Schweißen muß die Wolframelektrode zentrisch zur Gasdüse stehen. Gelegentlich werden WIG-Brenner durch äußere Einwirkung so beschädigt, daß die Wolframelektrode außerhalb der Mitte steht. Eine dünne Wolframelektrode kann beim Anschleifen verbogen worden sein. Beim MIG- und MAG-Schweißen muß nicht nur auf zentrischen Sitz von Kontaktdüse oder Kontakrohr geachtet werden, sondern auch auf die Krümmung der Drahtelektrode nach dem Austritt aus der Kontaktdüse. Bei zu starker Vorbiegung der Drahtelektrode verwenden Sie eine Drahtrichtvorrichtung!

Fehler
Poren

Beseitigung des Fehlers
Fehlstellen entfernen (zum Beispiel ausschleifen, ausmeißeln, thermisch ausfugen) und nachschweißen. Dabei Wirkung der erneuten Erwärmung beachten (zum Beispiel Eigenspannungen, Verzug, Gefügeveränderungen in der Wärmeeinflußzone).

Schweißverfahren WIG-, MIG-, MAG-Schweißen, Plasmaschweißen	**Arbeitsregel-Nr.** 31
Grundwerkstoffe Alle Metalle	**Handhabung** **allgemein**

Arbeitsregel
Richten Sie nach dem Erlöschen des Lichtbogens den Schweißbrenner und damit die Schutzgasnachströmung noch kurze Zeit auf das erkaltende Schweißgut am Nahtende.

Darstellung

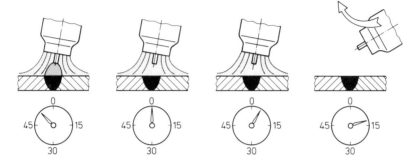

Erläuterung
Es ist wichtig, daß das noch flüssige Schweißbad in einer Schutzgasatmosphäre erstarrt und nicht an der Luft, an der es oxidiert. Reißen Sie also den Lichtbogen nicht ab, sondern schalten Sie ihn mit dem am Schweißbrenner angebrachten Druckknopf oder Taster ab.

Fehler
Nahtende oxidiert,
Endkrater stark oxidiert

Beseitigung des Fehlers
Falls erforderlich, Fehlstellen entfernen (zum Beispiel ausschleifen, ausmeißeln) und in richtiger Arbeitsweise nachschweißen.

Schweißverfahren WIG-, MIG-, MAG-Schweißen, Plasmaschweißen	**Arbeitsregel-Nr.** **32**
Grundwerkstoffe Alle Metalle	**Handhabung** **allgemein**

Arbeitsregel

Entfernen Sie Fett, Öl, Farbe, Schmutz und andere Verunreinigungen von den Fugenflanken, bevor Sie schweißen. Verwenden Sie nur saubere Schweißstäbe, Schweißdrähte und Drahtelektroden. Je hochwertiger der Werkstoff ist, desto sorgfältiger sollten Sie entfetten. Für WIG-Stäbe eignet sich dazu beispielsweise Aceton oder ein anderes handelsübliches Mittel.

Darstellung

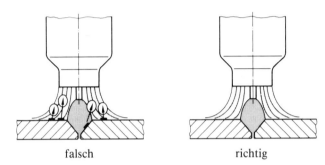

falsch   richtig

Erläuterung

In der Schweißwärme zersetzen sich die Verunreinigungen und bilden Gase, welche die Schutzgasatmosphäre zerstören. Die Folge wird Porenbildung sein. Ganz besonders kritisch bei Aluminiumwerkstoffen, weil die Verbrennungsprodukte den Porenbildner Wasserstoff enthalten. Kritisch auch bei Chrom-Nickel-Stählen, wenn die Verbrennungsprodukte Kohlenstoff enthalten; dann besteht Gefahr der Aufkohlung und Werkstoffschädigung (zu hoher Kohlenstoffgehalt in der Schweißnaht kann für interkristalline Korrosion verantwortlich sein).

Fehler

Poren

Beseitigung des Fehlers

Fehlstellen entfernen (zum Beispiel ausschleifen, ausmeißeln, thermisch ausfugen) und nachschweißen. Dabei Wirkung der erneuten Erwärmung beachten (zum Beispiel Eigenspannungen, Verzug, Gefügeveränderung in der Wärmeeinflußzone).

Schweißverfahren		Arbeitsregel-Nr.	**33**
WIG-, MIG-, MAG-Schweißen			
Grundwerkstoffe		**Handhabung**	
Stähle		**allgemein**	

Arbeitsregel

Entfernen Sie sehr sorgfältig die vom Lichtbogenhandschweißen stammenden Schlackenreste an Heftstellen, die Sie mit einem der Schutzgasverfahren überschweißen wollen.

Darstellung

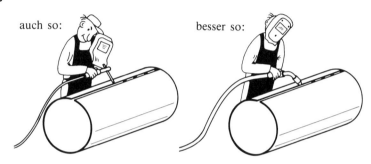

auch so: besser so:

Erläuterung

Wenn mit umhüllten Stabelektroden geheftet worden ist, kann es beim Überschweißen von nicht sorgfältig entfernten Schlackenresten zur Porenbildung kommen. Diese kann auch eintreten, wenn Heftstellen mit Schlackeneinschlüssen überschweißt werden. Da Schlackeneinschlüsse nachträglich nicht entfernt werden können, ist es besser, für das Heften ebenfalls ein Schutzgasverfahren zu verwenden.

Fehler

Poren

Beseitigung des Fehlers

Schlackenreste entfernen,
Schlackeneinschlüsse vermeiden,
Fehlstellen entfernen (zum Beispiel ausschleifen, ausmeißeln, thermisch ausfugen) und nachschweißen. Dabei Wirkung der erneuten Erwärmung beachten (zum Beispiel Eigenspannungen, Verzug, Gefügeveränderungen in der Wärmeeinflußzone).

Schweißverfahren	Arbeitsregel-Nr.	
WIG-, MIG-, MAG-Schweißen, Plasmaschweißen		**34**
Grundwerkstoffe	**Handhabung**	
Alle Metalle	**allgemein**	

Arbeitsregel
Heften Sie mit richtigem Spalt und mit genügend vielen Heftstellen, um der Schrumpfung der Schweißnaht zu begegnen.

Darstellung

richtig   falsch

Anhaltswerte für das Heften von Stumpfstößen an Blechen:

Blechdicke	Länge der Heftstellen	lichter Zwischenraum
≤ 1,2 mm	etwa 5 mm	etwa 10 × Blechdicke
> 1,2…2 mm	etwa 10…25 mm	etwa 10…20 × Blechdicke
> 2…5 mm	etwa 25 mm	etwa 15 × Blechdicke
> 5 mm	≤ 100 mm	≤ 300 mm

(nach Marfels)

Erläuterung
Schweißnähte schrumpfen in allen Richtungen. Wo die Schrumpfung nicht zu Maßänderungen und Verwerfungen führen kann, entstehen Spannungen. Die Höhe der Schrumpfung hängt von den Werkstoffeigenschaften und vom Schweißverfahren ab. Deshalb müssen auch die oben angegebenen Richtwerte der Praxis eines jeden Verarbeiters angepaßt werden.

Nach dem Heften muß der Wurzelspalt genügend groß sein, damit die Wurzel durchgeschweißt werden kann. Die Heftstellen müssen so kräftig ausgeführt sein, daß sie nicht durch die folgenden Schweißarbeiten reißen.

Fehler
Verwerfungen, hohe Spannungen, nicht durchgeschweißte Wurzel

Beseitigung des Fehlers
—

Schweißverfahren		
WIG-, MIG-, MAG-Schweißen, Plasmaschweißen	**Arbeitsregel-Nr.**	**35**
Grundwerkstoffe	**Handhabung**	
Alle Metalle	**allgemein**	

Arbeitsregel

Lagern Sie Schweißzusätze in einem trockenen Raum. Packen Sie am Schweißplatz nur den Tagesbedarf aus. Bewahren Sie die nicht benötigten Mengen in der Originalverpackung auf. Schützen Sie die Schweißzusätze vor Verschmutzung. Lassen Sie deshalb beim MIG- und MAG-Schweißen die Drahtspule stets abgedeckt; schließen Sie Haube oder Kofferdeckel während des Schweißens.

Darstellung

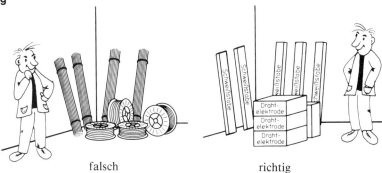

falsch   richtig

Erläuterung

In feuchten Räumen kann es zum Anrosten von Stahldrähten oder zur Aufnahme von Feuchtigkeit in der Oxidschicht von Aluminiumdrähten kommen, besonders dann, wenn keine luftdichte Verpackung mit einem die Feuchtigkeit aufnehmenden Mittel verwendet wird. Ebenso wie Rost oder Feuchtigkeit wirkt jede Art von Verschmutzung; diese Stoffe zersetzen sich durch die Wärme des Lichtbogens, stören die Schutzgasabdeckung und führen zu unerwünschten Reaktionen mit dem Schweißgut.

Fehler

Poren

Beseitigung des Fehlers

Fehlstellen entfernen (zum Beispiel ausschleifen, ausmeißeln, thermisch ausfugen) und nachschweißen. Dabei Wirkung der erneuten Erwärmung beachten (zum Beispiel Eigenspannungen, Verzug, Gefügeveränderungen in der Wärmeeinflußzone).

Schweißverfahren		
WIG-Schweißen mit Gleichstrom, Plasmaschweißen, Plasmaschneiden	Arbeitsregel-Nr.	**36**
Grundwerkstoffe Alle Metalle	**Handhabung** **allgemein**	

Arbeitsregel
Schleifen Sie die Enden von Wolframelektroden mit besonderer Sorgfalt an. Halten Sie den vom Verfahren verlangten günstigsten Spitzenwinkel ein. Achten Sie darauf, daß die Spitze zentrisch liegt. Schleifen Sie in Längsrichtung an. Nutzen Sie die Vorteile und die Sicherheit eines Anschleifgerätes.

Darstellung

Bild 1

Bild 2

Erläuterung
Der Anspitzwinkel wirkt sich beim WIG-Schweißen auf die Form des Schweißbades aus (ein stumpferer Winkel ergibt eine breitere Naht und flacheren Einbrand). Querschleifen wirkt sich nachteilig auf die Stabilität der Elektrodenspitze (Kerbwirkung), das Zündverhalten und die Stabilität des Lichtbogens aus (Bild 1). Besonders beim vollmechanischen Schweißen sollte die Wolframelektrode auf keinen Fall von Hand an der Schleifscheibe geschliffen werden, sondern mit Hilfe eines Anschleifgerätes (Bild 2).

Fehler
Unstabiler Lichtbogen,
Ausbrechen von Wolframteilchen und deren Einlagerung im Schweißbad,
seitlich abgelenkter Lichtbogen.

Beseitigung des Fehlers
Anschleifgerät verwenden.

Schweißverfahren		
MIG- und MAG-Schweißen	Arbeitsregel-Nr.	**37**
Grundwerkstoffe	**Handhabung**	
Alle Metalle	MIG/MAG	

Arbeitsregel

Ziehen Sie die Bremse, mit der das Nachlaufen der Drahtelektrode vermieden werden soll, nicht zu stark an. Ziehen Sie nur so fest an, daß die Spule gerade nicht mehr nachläuft, wenn der Drahttransport abgeschaltet wird.

Darstellung

Erläuterung

Beim Einsetzen der Drahtspule muß der Mitnehmerbolzen der Drahtspindel in das Loch der Drahtspule eingreifen, die Haltefeder muß einrasten. Dann ist die Nachlaufbremse richtig einzustellen. Bei zu geringer Bremskraft läuft der Draht nach; Drahtwindungen springen ab. Bei zu hoher Bremskraft wird der Drahtvorschubmotor überlastet.

Fehler

Störungen im Drahtvorschub.
Schweißen erheblich behindert oder unmöglich gemacht.

Beseitigung des Fehlers

—

Schweißverfahren	Arbeitsregel-Nr.	**38**
MIG- und MAG-Schweißen		
Grundwerkstoffe	**Handhabung**	
Alle Metalle	**MIG/MAG**	

Arbeitsregel

Achten Sie beim Einsetzen einer neuen Drahtspule darauf, daß der Draht nicht aufspringt, wenn Sie den Drahtanfang lösen. Halten Sie den Drahtanfang fest und lassen Sie den Draht beim Einfädeln immer gespannt. Schneiden Sie vor dem Einfädeln in den Vorschubapparat den Draht gratfrei mit einem scharfen Seitenschneider ab.

Darstellung

Drahtwindungen   Drahtanfang festhalten,
liegen übereinander   sauber abschneiden

falsch   richtig

Erläuterung

Wenn der mit einer Vorbiegung aufgespulte Draht über mehrere Windungen hinweg aufspringt und dann wieder aufgelegt wird, können versehentlich Windungen übereinander gelegt werden. Beim Abziehen zieht sich der Draht dann fest. Der Vorschub stockt. Der Draht bekommt einen Knick.
Ein Grat am Drahtanfang behindert das einwandfreie Durchschieben des Drahtes in der Drahtführungsspirale.

Fehler

Drahtstockung,
Festbrennen des Drahtes an der Kontaktdüse

Beseitigung des Fehlers

Drahtlänge mit Knicken oder anderen Defekten aus dem Schlauchpaket entfernen.
Unbeschädigten Draht von der Drahtspule neu einfädeln. Dabei vorher die Stromkontaktdüse abschrauben, auf das aus dem Brennerhals vorstehende Drahtende aufschieben und mit Schlüssel festschrauben.

Schweißverfahren	Arbeitsregel-Nr.
MIG- und MAG-Schweißen	**39**
Grundwerkstoffe	**Handhabung**
Alle Metalle	MIG/MAG

Arbeitsregel
Ziehen Sie die Drahtvorschubrollen nur so fest an, daß bei laufendem Drahtvorschub die Drahtspule gerade noch mit der Hand angehalten werden kann. Wenn der Gerätelieferant besondere Einstellhilfen vorgesehen hat, halten Sie sich an die Angaben in der Betriebsanleitung.

Darstellung

Sechskantexzenter ist als Einstellhilfe nach Betriebsanleitung einzustellen!

Erläuterung
Ist der Anpreßdruck zu hoch, dann kann – insbesondere bei ungünstigen Nutenformen in der Vorschubrolle – die Drahtelektrode verformt und die Oberfläche beschädigt werden. Bei verkupferten Drahtelektroden können dann Kupferteilchen wegplatzen und zur Verstopfung der Führungsspirale beitragen. Ist der Anpreßdruck zu niedrig, kann es bei erhöhtem Drahtförderwiderstand dazu kommen, daß die Drahtelektrode in den Vorschubrollen rutscht und nicht mehr gefördert wird.

Fehler
Drahtvorschub unregelmäßig oder ganz ausgefallen.

Beseitigung des Fehlers
—

Schweißverfahren	Arbeitsregel-Nr.
MIG- und MAG-Schweißen	**40**
Grundwerkstoffe	**Handhabung**
Alle Metalle	MIG/MAG

Arbeitsregel
Verwenden Sie immer die zum Drahtdurchmesser passenden Vorschubrollen. Kontrollieren Sie die Lage der Vorschubrollen. Ersetzen Sie verschlissene Vorschubrollen rechtzeitig!

Darstellung

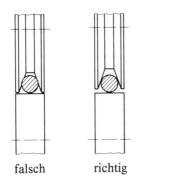
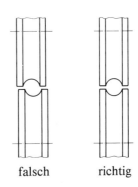

falsch   richtig   falsch   richtig

Erläuterung
Vorschubrollen übertragen die Vorschubkraft durch Reibung auf die Drahtelektrode. Auch wenn die zur Kraftübertragung dienenden Flächen gehärtet sind, tritt im Laufe der Zeit Verschleiß auf. Bei sehr starkem Verschleiß berühren sich die Vorschubrollen. Dann kann die Anpreßkraft nicht mehr auf die zu fördernde Drahtelektrode wirken. Stehen zwei mit Nuten versehene Vorschubrollen versetzt zueinander, dann wird die Drahtoberfläche beschädigt, und es können Späne abgequetscht werden.

Fehler
Mangelhafte unregelmäßige Förderung der Drahtelektrode, erhöhter Abrieb im Drahtvorschub, Abquetschen feiner Späne von der Oberfläche der Drahtelektrode.

Beseitigung des Fehlers
Falsch bemessene oder verschlissene Vorschubrollen durch neue Vorschubrollen mit richtiger Abmessung ersetzen.
Zustand des Vorschubs durch Betrachten und Betasten der Drahtelektrode nach Verlassen der Vorschubeinrichtung (bei abgebautem Drahttransportschlauch) prüfen.

Schweißverfahren		
MIG- und MAG-Schweißen	**Arbeitsregel-Nr.**	**41**
Grundwerkstoffe	**Handhabung**	
Alle Metalle	**MIG/MAG**	

Arbeitsregel
Führen Sie die Drahtelektrode von der Vorschubrolle bis zur Kontaktdüse ohne Unterbrechung im richtigen Drahtführungseinsatz (Teflonschlauch oder Stahlspirale), dessen Innendurchmesser sich nach dem Drahtdurchmesser richten muß. Schneiden Sie ihn sorgfältig auf die richtige Länge zu und entgraten Sie die Stahlspiralen am Innenrand der Schnittstellen.

Darstellung

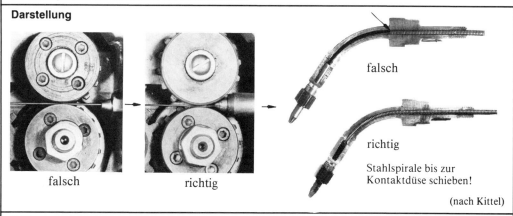

falsch richtig

falsch

richtig

Stahlspirale bis zur Kontaktdüse schieben!

(nach Kittel)

Erläuterung
Die Drahtelektrode knickt aus, wenn sie nicht unmittelbar hinter den Vorschubrollen geführt wird. Diese enge Führung muß bis zum Eintritt der Drahtelektrode in die Kontaktdüse reichen.
Ist der Innendurchmesser des Drahtführungsschlauches für den Drahtelektrodendurchmesser zu groß, dann kann die geschobene Drahtelektrode sich im Führungsschlauch verbiegen. Ist er zu klein, dann wird die Reibung bei starker Krümmung des Schlauchpaketes zu groß. Ein Grat an der Innenseite der Schnittstelle kann die Oberfläche der Drahtelektrode beschädigen.

Fehler
Unregelmäßiger Drahtvorschub,
Ausbrechen der Drahtelektrode hinter den Vorschubrollen,
Knicke in der Drahtelektrode, Beschädigung der Drahtoberfläche.

Beseitigung des Fehlers
Zu kurzen oder falsch bemessenen Drahtführungsschlauch ersetzen, dabei auf richtige Länge achten.

Schweißverfahren
MIG- und MAG-Schweißen

Arbeitsregel-Nr. 42

Grundwerkstoffe
Alle Metalle

Handhabung
MIG/MAG

Arbeitsregel
Verwenden Sie immer die für den Drahtdurchmesser vom Brennerhersteller vorgeschriebene Stromkontaktdüse (Kontaktspitze, Stromdüse). Schrauben Sie die Kontaktdüse fest bis zum Anschlag in den Düsenstock. Säubern Sie die Bohrung öfter mit einem Düsenreiniger. Ersetzen Sie verschlissene Kontaktdüsen rechtzeitig.

Darstellung.

      1. Schritt   2. Schritt

Erläuterung
Die Kontaktdüse muß den ganzen Schweißstrom auf die Drahtelektrode übertragen. Je stärker die Düse verschlissen ist, desto mehr kann sich die Lage des Stromüberganges in der Düse und damit der elektrische Widerstand im Schweißstromkreis während des Schweißens ändern. Der Lichtbogen ändert dann seine Länge und wird unruhig. Wird die Kontaktdüse nicht fest angezogen, dann fließt der Schweißstrom nur über einige Gewindegänge. Der höhere elektrische Widerstand kann zu unzulässig hoher Erwärmung der Kontaktdüse führen.

Fehler
Unruhiger Lichtbogen,
Brenner wird zu heiß (bei nicht fest angezogener Kontaktdüse).

Beseitigung des Fehlers
Verschlissene Kontaktdüsen rechtzeitig ersetzen,
richtige Kontaktdüsen verwenden und festschrauben.

Schweißverfahren MIG- und MAG-Schweißen	Arbeitsregel-Nr. **43**
Grundwerkstoffe Alle Metalle	**Handhabung** **MIG/MAG**

Arbeitsregel

Blasen Sie in regelmäßigen Abständen den Drahtführungsschlauch mit trockener Druckluft aus, um damit Abriebteilchen zu entfernen. Nutzen Sie für diese Wartungsarbeit das Einsetzen einer neuen Drahtspule.

Darstellung

Druckluft-
leitung

Erläuterung

Abrieb von der Drahtelektrode entsteht durch die Vorschubrollen (insbesondere dann, wenn sie verschlissen sind), durch Drahtführungsdüsen (insbesondere bei nicht zentrischer Stellung zur Drahtelektrode) und im Drahttransportschlauch (besonders bei Verwendung von Stahlspiralen zum Führen von Stahldrahtelektroden, verstärkt bei großen Krümmungen des Schlauchpaketes). Diese Abriebteilchen sammeln sich im Führungsschlauch und erhöhen den Förderwiderstand so lange, bis sich die Drahtelektrode nicht mehr fördern läßt.

Fehler

Unregelmäßiger Drahtvorschub durch unzulässig großen Förderwiderstand
oder
Drahtelektrode läßt sich nicht mehr fördern.

Beseitigung des Fehlers

Drahtführungseinsatz (Teflon für Aluminium, gegebenenfalls auch für Chrom-Nickel-Stahl, Stahlspirale für verkupferte Stahldrähte) ersetzen.
Defekte Vorschubrollen und Drahtführungsdüsen ersetzen, dabei auf zentrische Führung der Drahtelektroden achten.

Schweißverfahren		
MIG- und MAG-Schweißen	**Arbeitsregel-Nr.**	**44**
Grundwerkstoffe	**Handhabung**	
Alle Metalle	**MIG/MAG**	

Arbeitsregel

Decken Sie die Drahtspule immer ab, wenn Sie nach dem Einlegen der Spule schweißen. Denken Sie daran, daß die aus dem Schweißbrenner herausragende Spitze der Drahtelektrode unter Spannung steht, wenn Sie den Brennerschalter betätigt haben.

Darstellung

Abdeckhaube beim Schweißen schließen, beschädigte Hauben ersetzen

Erläuterung

Nach dem Schaltimpuls „Schweißen" am Brenner steht die Drahtelektrode in ihrer gesamten Länge unter Spannung. Berühren Sie damit – außer dem Werkstück – keine geerdeten oder mit dem Werkstück in Verbindung stehenden Metallteile, sonst zünden Sie einen Lichtbogen. Auch der Draht auf der Spule steht unter Spannung.

Deshalb:
Deckel des Gerätes schließen, Abdeckhauben schließen, Kofferdeckel schließen. Nebenbei vermeiden Sie damit auch die Verschmutzung des Drahtvorrates auf der Spule.

Fehler

Kurzschluß,
gegebenenfalls Lichtbogenbildung bei zufälliger Berührung

Beseitigung des Fehlers

Abdeckhauben schließen,
beschädigte Hauben ersetzen

Schweißverfahren MIG- und MAG-Schweißen	**Arbeitsregel-Nr.** 45
Grundwerkstoffe Alle Metalle	**Handhabung** MIG/MAG

Arbeitsregel

Benutzen Sie geeignete Werkzeuge – beispielsweise passende Schraubenschlüssel, passende Reinigungsbohrer –, wenn Sie an Ihrem Schutzgasschweißbrenner Düsen wechseln oder reinigen. Erleichtern Sie sich die Arbeit durch eine Spezialzange.

Darstellung

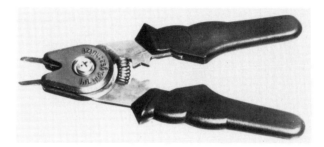

Erläuterung

Die im Bild dargestellte Spezialzange dient vier Funktionen:

- dem Reinigen der Gasdüse (Entfernen von Spritzern an der Innenwand),
- dem Abziehen oder Festdrehen der Gasdüse,
- dem Festschrauben der Kontaktdüse,
- dem Abschneiden der Drahtelektrode.

Fehler

Beschädigung von Brennerteilen beim Verwenden ungeeigneter Werkzeuge.

Beseitigung des Fehlers

Beschädigte, nicht mehr verwendungsfähige Teile ersetzen.

Schweißverfahren		Arbeitsregel-Nr.	**46**
MAG-Schweißen			
Grundwerkstoffe		**Handhabung**	
Unlegierter Stahl		MIG/MAG	

Arbeitsregel

Wenn Sie schon mit Magnetpolklemmen arbeiten, um das etwas zeitaufwendigere Befestigen anderer Klemmen am Werkstück zu vereinfachen, dann sorgen Sie für stets einwandfreie Flächen an der Polklemme und am Werkstück (spritzerfreie Oberfläche)!

Darstellung

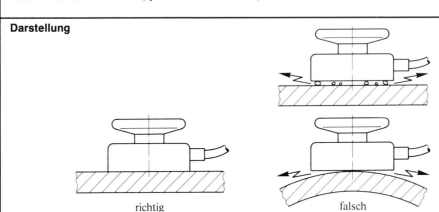

richtig   falsch

Erläuterung

Höhere Widerstände im Schweißstromkreis — also auch zwischen Werkstück und Stromquelle — kosten nicht nur Energie, sondern verfälschen die Einstellwerte. Handelt es sich um Schmorstellen, dann wechselt der Widerstand laufend und führt zu unregelmäßigem Lichtbogen. Oft wird dann wegen eines vermuteten Gerätedefektes der Kundendienst gerufen.

Eine wegen anhaftenden Schmutzes verschmorte und unebene Magnetfläche war die Ursache des im Bild zu Arbeitsregel 100 gezeigten durchgeschmorten Schutzleiters, nachdem die Magnetpolklemme abgefallen war.

Fehler

Schlechter Kontakt, unregelmäßiger Lichtbogen,
Gefahr des Durchbrennens des Schutzleiters.

Beseitigung des Fehlers

Magnetfläche sauber halten, saubere Werkstückoberfläche herstellen.
Andere Polklemme benutzen (siehe Arbeitsregel 17)!

Schweißverfahren		
MIG- und MAG-Schweißen	Arbeitsregel-Nr.	**47**
Grundwerkstoffe	**Handhabung**	
Alle Metalle	**MIG/MAG**	

Arbeitsregel

Sprühen Sie die Gasdüse regelmäßig mit einem Trennmittel ein, das die Haftung der Spritzer verringert. Sprühen Sie aber nicht die Austrittsbohrungen für das Schutzgas im Düsenstock voll. Sie können anstelle eines Sprühmittels auch eine Düsenschutzpaste verwenden (Düse nur 2 bis 3 mm tief eintauchen).

Darstellung

falsch	richtig	richtig
nicht voll in die Düse sprühen	die Innenwand der Gasdüse erfassen	Gasdüse nur einige mm eintauchen

Erläuterung

Das Trennmittel soll die Wandungen der Gasdüse zuverlässig benetzen, sich jedoch nicht in größeren Mengen an den Gasaustrittsbohrungen im Düsenstock sammeln. Es könnten sich sonst dort Bohrungen zusetzen. Der gleichmäßige Austritt des Schutzgases in den Düsenraum ist dann gestört. Die Schutzgasglocke deckt nicht mehr einwandfrei ab.
Werkstückoberflächen, die später lackiert werden, dürfen nicht mit silikonhaltigem Trennmittel in Berührung kommen, weil dann dort die Haftung des Anstrichs verringert wird.

Fehler

Festhaftende Spritzer in der Gasdüse, Poren

Beseitigung des Fehlers

—

Schweißverfahren		
MIG- und MAG-Schweißen	**Arbeitsregel-Nr.**	**48**
Grundwerkstoffe	**Handhabung**	
Alle Metalle	**MIG/MAG**	

Arbeitsregel

Beseitigen Sie regelmäßig die Spritzer, die sich in der Gasdüse festgesetzt haben. Achten Sie auch darauf, daß sich im hinteren Teil der Gasdüse am Düsenstock keine Spritzerbrücken bilden.

Darstellung

es wird Zeit...   zu spät...   so nicht...

Erläuterung

Starker Spritzeransatz verhindert einwandfreie Schutzgasabdeckung des Schweißbades. Auch geringerer Spritzeransatz kann schon die laminare Gasströmung durch Wirbelbildung empfindlich stören. Große Ansammlungen von Spritzern im hinteren Teil der Düse, die beim oberflächlichen Reinigen der Düse nicht entfernt werden, können die Austrittsbohrungen für das Schutzgas verstopfen und im schlimmsten Fall – wenn gleichzeitig isolierende Teile am Düsenstock oder an der Düse beschädigt sind – zum Stromübergang führen, wenn mit der metallischen Gasdüse das Werkstück berührt wird.

Fehler

Porenbildung,
Lichtbogen oder Kurzschluß zwischen Kontaktdüse und Gasdüse

Beseitigung des Fehlers

Lassen Sie es nicht zur Porenbildung in der Naht kommen – der Aufwand für das Reinigen der Gasdüse ist erheblich geringer als der Aufwand für das Ausbessern poröser Schweißnähte.

Schweißverfahren MIG- und MAG-Schweißen	**Arbeitsregel-Nr.** 49
Grundwerkstoffe Alle Metalle	**Handhabung** **MIG/MAG**

Arbeitsregel
Benutzen Sie die zum Einsprühen der Gasdüse gegen Haften der Schweißspritzer verwendeten Trennmittel-Sprays nur in Sonderfällen zum Einsprühen der Werkstückoberfläche. Verwenden Sie dafür auf keinen Fall Trennmittel mit Silikonöl. Prüfen Sie vorher die möglichen schädlichen Auswirkungen.

Darstellung

Erläuterung
Rückstände von silikonhaltigen Trennmitteln auf der Werkstückoberfläche gefährden die Haftung eines späteren Farbanstriches oder einer Beschichtung. Kurz nach dem Aufsprühen können Trennmittel beim Überschweißen (beispielsweise an Kehlnähten) ausgasen und Poren erzeugen. Auch Umweltschutz und Gesundheitsschutz sind hinsichtlich der Treibgase und Lösungsmittel zu beachten. Wo Anwendung unvermeidlich ist: knapp dosieren, nur an sonst nicht zugänglichen Stellen anwenden.

Warnung: Im Eisenbahnbrückenbau und im Schienenfahrzeugbau ist der Gebrauch von Schweißschutzsprays am Werkstück verboten.

Fehler
Mangelnde Haftung von Farbanstrichen, galvanischen Schichten, Verchromungen oder anderen Beschichtungen. In ungünstigen Fällen Poren.

Beseitigung des Fehlers
Das Übel an der Wurzel bekämpfen und spritzerarm schweißen: Schweißgerät richtig einstellen, spritzerarmes Schutzgas verwenden, Impulstechnik nutzen.

Schweißverfahren		
MIG- und MAG-Schweißen	Arbeitsregel-Nr.	**50**
Grundwerkstoffe	**Handhabung**	
Alle Metalle	**MIG/MAG**	

Arbeitsregel

Stellen Sie die Freibrennzeit an Ihrem Schweißgerät so ein, daß die Drahtelektrode nach dem Erlöschen des Lichtbogens weder am erstarrenden Schweißbad kleben bleibt noch in die Kontaktdüse zurückbrennt.

Darstellung

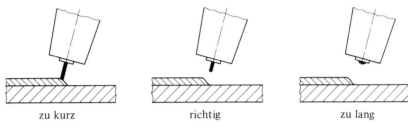

zu kurz   richtig   zu lang

eingestellte Freibrennzeit

Erläuterung

Am Ende jeder Schweißnaht muß der Lichtbogen noch kurzzeitig länger brennen, wenn der Drahtvorschub schon abgeschaltet hat, sonst brennt die Drahtelektrode im erkaltenden Schweißbad fest. Die Freibrennzeit kann am Schweißgerät eingestellt werden. Unterschiedliche Drahtdurchmesser und Werkstoffe erfordern unterschiedliche Einstellungen.

Fehler

Drahtelektrode brennt am erkaltenden Schweißbad fest
oder
Drahtelektrode brennt an der Kontaktdüse fest.

Beseitigung des Fehlers

Drahtelektrode abzwicken oder zurückgebrannte Drahtelektrode von Kontaktdüse lösen (mit Zange, gegebenenfalls Feile) und beschädigte Kontaktdüse ersetzen.
Freibrennzeit richtig einstellen.

Schweißverfahren	Arbeitsregel-Nr.
MIG- und MAG-Schweißen	**51**
Grundwerkstoffe	**Handhabung**
Alle Metalle	MIG/MAG

Arbeitsregel
Stellen Sie durch richtige Einstellung des Gerätes (richtige Zuordnung von Spannung und Drahtvorschub) einen ruhig und stabil brennenden Lichtbogen ein. Betrachten Sie Richtwerte aus Tabellen nur als ersten Anhaltspunkt, die Sie notfalls korrigieren. Verlassen Sie sich dabei auf Ihr Auge und Ihr Ohr!

Darstellung
Leistungskennwerte für das MAG-Schweißen von Baustahl (Auszug aus Band 72, Fachbuchreihe Schweißtechnik, im DVS-Verlag)

Werkstück-dicke	Nahtart	Nahtvorbereitung		Draht- bzw. -elektroden-durchmesser	Einstellwerte			Schutzgas
		Spalt	Schweißlage Wurzellage (W) Mittellage (M) Decklage (D)		Arbeits-spannung	Schweiß-strom	Drahtvorschub-geschwindigkeit	
mm		mm		mm	V	A	m/min	l/min
2	I-Naht	1,0	—	1,0	18,5	125	4,2	10
3	I-Naht	1,5	—	1,0	19	130	4,7	10
4	I-Naht	2,0	—	1,0	19	135	4,8	10
5	V-Naht	2,0	W D	1,0	18,5 21	125 200	4,3 8,0	12
6	V-Naht	2,0	W D	1,0	18,5 21	125 205	4,3 8,3	12
8	V-Naht	2,0	W M; D	1,2	18 27,5	135 270	3,1 8,1	10…15
10	V-Naht	2,5	W M; D	1,2	18,5 28	135 290	3,2 9,0	10…15
12	V-Naht	2,5	W 2M; D	1,2	18,5 28	135 290	3,2 9.0	10…15

Erläuterung
Falsche Einstellung führt zu unruhigem Lichtbogen und zu starker Spritzerbildung, die nicht nur erhöhte Nacharbeit zur Beseitigung der Spritzer bedeutet, sondern auch die Schutzgasabdeckung stört. Fertigungstoleranzen bewirken, daß bei Geräten desselben Typs leicht unterschiedliche Einstellungen erforderlich sein können, um dieselben Werte zu erhalten.

Fehler
Poren, Spritzer, unregelmäßiges Nahtaussehen, mangelhafter Einbrand.

Beseitigung des Fehlers
Vor Beginn der Schweißarbeit das Schweißgerät richtig einstellen, um das Ausbessern von fehlerhaften Schweißnähten zu vermeiden (siehe unter anderem Band 72 „Leistungskennwerte für Schweißen, Schneiden und verwandte Verfahren" der Fachbuchreihe Schweißtechnik. DVS-Verlag, Düsseldorf).

| Schweißverfahren
MAG-Schweißen	Arbeitsregel-Nr. **52**
Grundwerkstoffe
Unlegierte und niedriglegierte Stähle	**Handhabung**
MIG/MAG

Arbeitsregel

Halten Sie die empfohlene Strombelastung der Drahtelektrode ein. Vermeiden Sie es, Drahtelektroden unter zu hohem Schweißstrom abzuschmelzen. Beachten Sie dabei auch die Schweißposition.

Darstellung

Draht- elektroden- durchmesser mm	empfohlener Bereich		Abschmelzleistung	
	Spannung V	Schweiß- strom A	bei maximalem Schweißstrom rd. kg/h	in Zwangslage (reduziert) rd. kg/h
0,8	14...26	50...220	3,4	2,1
1,0	16...27	60...260	4,8	3,3
1,2	17...32	80...320	6,3	3,7
1,6	19...35	100...450	7,5	—

(nach Pomaska)

Erläuterung

Beim MAG-Schweißen wird der Schweißer gerätetechnisch nicht daran gehindert, hohen Drahtvorschub einzustellen, um hohe Abschmelzleistungen (beispielsweise bei Arbeiten mit Zeitvorgabe) zu erzielen. Die dabei abschmelzende große Menge Schweißgut muß beherrscht und fehlerfrei in die Schweißfuge eingebracht werden. Die Grenze der Abschmelzleistung wird bestimmt durch Werkstückdicke, Fugenform, Nahtvorbereitung und Schweißposition.

Fehler

Mangelhafter Einbrand,
im schlimmsten Fall: Bindefehler.

Beseitigung des Fehlers

—

Schweißverfahren		Arbeitsregel-Nr. **53**
MAG-Schweißen		
Grundwerkstoffe		**Handhabung**
Stähle		MIG/MAG

Arbeitsregel
Achten Sie auf den richtigen Kontaktrohrabstand. Im Sprühlichtbogen soll er 18 bis 20 mm, im Kurzlichtbogen etwa 14 mm betragen. Sonderfälle: Erhöhter Abstand verringert an Dünnblechen die Gefahr des Durchbrechens; niedriger Abstand verbessert an dicken Blechen den Einbrand.

Darstellung

A   B   C   D   E

Wirkung unterschiedlicher Kontaktrohrabstände (Auftragschweißen)

Kontaktrohrabstand (früher „freies Drahtende" genannt)

	Kontaktrohrabstand mm	Schutzgas l/min	Ampere	Volt	Drahtvorschub m/min	Einbrandtiefe mm
A	10	15	320	26,4	9,8	6,5
B	15	15	310	27,2	9,8	5,0
C	20	15	280	28,0	9,8	4,0
D	25	15	260	29,8	9,8	3,5
E	30	15	250	30,0	9,8	3,0

(nach Farwer)

Erläuterung
Mit zunehmendem Kontaktrohrabstand geht der Einbrand zurück. Außerdem werden zentrische Schweißdrahtführung und sichere Schutzgasabdeckung gefährdet.
Zu niedriger Kontaktrohrabstand kann zur Überhitzung des Schweißbades, zur thermischen Überlastung des Brenners und zu störender Spritzeraufnahme in der Düse führen.

Fehler
Mangelnder Einbrand, Überhitzung des Schweißbades

Beseitigung des Fehlers
Fehler nicht nachträglich beseitigen, sondern von vornherein durch Beachtung der Arbeitsregel vermeiden.

Schweißverfahren MIG- und MAG-Schweißen (selten WIG-Schweißen)	**Arbeitsregel-Nr.** 54
Grundwerkstoffe Alle Metalle	**Handhabung** **MIG/MAG**

Arbeitsregel
Beachten Sie die „Kaminwirkung" beim Schweißen in der Position „senkrecht" (s) und den thermischen Auftrieb, den die Schutzgasglocke über sehr großen Schweißbädern erhalten kann. Vermeiden Sie zu große Schweißbäder.

Darstellung

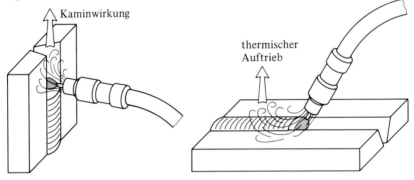

Erläuterung
An senkrechten Nähten kommt es zu einer nach oben gerichteten Strömung der erwärmten Luft, die auch das Schutzgas mitreißen kann. An waagerecht geschweißten Nähten können durch breites Pendeln der Decklage sehr große Schweißbäder entstehen, für welche die Schutzgasabdeckung nicht mehr ausreicht – insbesondere dann, wenn durch die hohe Temperatur des großen Schweißbades auch das Schutzgas stark erwärmt wird und als Folge des thermischen Auftriebes Turbulenzen entstehen können.

Fehler
Mangelhafte Schutzgasabdeckung des Schweißbades,
Poren

Beseitigung des Fehlers
Fehlstellen entfernen (zum Beispiel ausschleifen, ausmeißeln, thermisch ausfugen) und nachschweißen. Dabei Wirkung der erneuten Erwärmung beachten (zum Beispiel Eigenspannungen, Verzug, Gefügeveränderungen in der Wärmeeinflußzone).

Schweißverfahren	Arbeitsregel-Nr. **55**
WIG-Schweißen	
Grundwerkstoffe	**Handhabung**
Alle Metalle	**WIG**

Arbeitsregel

Unterscheiden Sie die verschiedenen Sorten von Wolframelektroden (Reinwolframelektroden, thorierte Wolframelektroden, zirkonlegierte Wolframelektroden) und wählen Sie die richtige Sorte für Ihre Schweißarbeiten aus.

Darstellung

Anwendungsfall	Kurz-zeichen	Zusätze	Kennfarbe nach DIN 32 528	früher
Gleichstromschweißen (Stähle, Kupfer) und	WT 10	mit etwa 1% Thoriumoxid	gelb	rot/grün
Wechselstromschweißen (Aluminium)	WT 20	mit etwa 2% Thoriumoxid	rot	—
Wechselstromschweißen von Aluminium, besonders bei hohen Strömen und ab 4 mm Elektrodendurchmesser	W	ohne Zusätze	grün	(ohne)
Bei hoher Anforderung an Zündfreudigkeit, zum	WT 30	mit etwa 3% Thoriumoxid	lila	schwarz/weiß
Beispiel vollmechanisches Schweißen	WT 40	mit etwa 4% Thoriumoxid	orange	—
Im Kernreaktorbau für Teile, die einer Strahlung ausgesetzt sind	WZ 8	mit Zirkonoxid	weiß	gelb

Erläuterung

Zusätze von Thoriumoxid zum Elektrodenwerkstoff Wolfram verbessern die Zündfreudigkeit und erhöhen die Belastbarkeit (besonders wichtig beim Gleichstromschweißen, wo eine scharfe Spitze der Wärmebelastung durch den Lichtbogen standhalten muß). Jedoch beim Wechselstromschweißen von Aluminium mit hohem Schweißstrom ergibt die Reinwolframelektrode eher die gewünschte glatte kugelförmige Elektrodenspitze. Beim vollmechanischen Schweißen und im Kernreaktorbau besondere Sorten laut Tabelle verwenden. Die früher üblichen Kennfarben sind auch heute noch weit verbreitet.

Fehler

Bei falscher Elektrodenwahl Zündschwierigkeiten und unbefriedigende Standzeit oder unruhiger Lichtbogen. Im Kernreaktorbau verbotene Thoriumoxid-Einschlüsse in der Schweißnaht.

Beseitigung des Fehlers

—

Schweißverfahren	Arbeitsregel-Nr.	**56**
WIG-Schweißen		
Grundwerkstoffe	**Handhabung**	
Alle Metalle, insbesondere Aluminium	**WIG**	

Arbeitsregel

Richten Sie sich bei der Wahl des Elektrodendurchmessers immer nach dem eingestellten Schweißstrom. Dies gilt zwingend beim Schweißen mit Wechselstrom. Beim Schweißen mit Gleichstrom (Elektrode am Minuspol) können unter Umständen auch dickere Elektroden verwendet werden – dann allerdings können sich die Wiederzündeigenschaften verschlechtern.

Darstellung

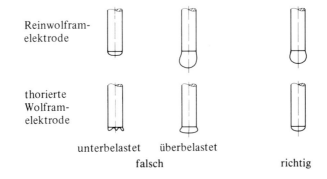

Reinwolframelektrode

thorierte Wolframelektrode

unterbelastet   überbelastet
falsch   richtig

Erläuterung

Belastbarkeit von Wolframelektroden beim WIG-Schweißen

Durchmesser	Gleichstrom		Wechselstrom			
	Elektrode am Minuspol	Elektrode am Pluspol	mit Filterkondensator		ohne Filterkondensator	
mm		thoriert	rein	thoriert	rein	thoriert
1,0	<80	–	<30	30…50	10…60	15…80
1,6	70…140	10…20	30…70	50…90	50…100	70…150
2,4	130…230	12…25	50…110	80…140	100…160	140…235
3,2	220…310	20…40	100…170	140…190	150…210	225…325
4,0	300…400	40…55	160…200	180…250	200…275	300…400
4,8	400…500	55…80	180…280	300…350	250…350	400…500
6,4	500…800	70…100	260…380	350…400	325…450	500…630

Fehler

Abtropfen der Elektrode bei zu kleinem Durchmesser, unstabiler Lichtbogen bei zu großem Durchmesser.

Beseitigung des Fehlers

—

Schweißverfahren		Arbeitsregel-Nr.	**57**
WIG-Schweißen mit Gleichstrom (Minuspol)			
Grundwerkstoffe		**Handhabung**	
Stähle, Kupfer und Kupferlegierungen		**WIG**	

Arbeitsregel
Schleifen Sie die Wolframelektrode an einer feinkörnigen Schleifscheibe, die möglichst nur für Wolframelektroden verwendet wird. Schleifen Sie in Längsrichtung.
Achtung: Bei Arbeiten an der Schleifscheibe stets Schutzbrille tragen!

Darstellung

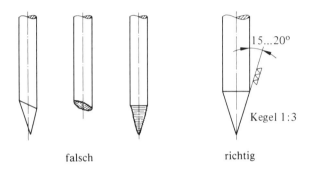

falsch   richtig

Erläuterung
Die Elektrodenspitze muß möglichst glatt und riefenfrei geschliffen werden. Vorteilhaft ist es, das Schleifen mit einem Polierschliff zu beenden. Beim Schleifen von Hand in Querrichtung können dünne Elektroden sich verbiegen, dickere Elektroden am spröden Ende abbrechen. Deshalb besser in Längsrichtung schleifen. Scharfe Spitze ist leicht zu brechen.

Spitzere Kegel
bei sehr niedrigen Schweißströmen (zum Beispiel für Dünnblech- und Wurzelschweißen),

stumpfere Kegel
für flachen Einbrand beim vollmechanischen Schweißen verwenden.

Fehler
Ablenkung des Lichtbogens durch Schleifriefen,
unstabiler Lichtbogen.

Beseitigung des Fehlers
—

Schweißverfahren WIG-Schweißen mit Wechselstrom	**Arbeitsregel-Nr.** 58
Grundwerkstoffe Aluminium und Aluminiummetalle	**Handhabung** WIG

Arbeitsregel

Bereiten Sie stumpf zu verwendende Wolframelektroden nicht durch einen zackig verlaufenden Bruch, sondern durch Abschneiden mit einer Zange vor. Abschleifen der Kanten erleichtert die halbkugelförmige Ausbildung des Elektrodenendes.

Darstellung

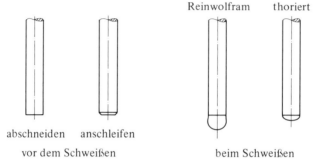

abschneiden   anschleifen   Reinwolfram   thoriert
vor dem Schweißen   beim Schweißen

Erläuterung

Beim WIG-Schweißen mit Wechselstrom ist die gesamte Fläche der richtig bemessenen Wolframelektrode zur Ausbildung eines ruhig brennenden Lichtbogens erforderlich. Sie muß sich kugelförmig ausbilden. Reinwolframelektroden ergeben die günstigste Form des Elektrodenendes, was sich besonders bei Elektrodendurchmessern ab 4 mm auf die Stabilität des Lichtbogens günstig auswirkt. Allerdings kann dabei das Wiederzünden schwieriger werden. Auch beim Zwangslagenschweißen kann die thorierte Elektrode vorteilhaft sein, weil kleinere Durchmesser möglich sind.

Fehler

Unruhiger Lichtbogen

Beseitigung des Fehlers

—

Schweißverfahren	Arbeitsregel-Nr. **59**
WIG-Schweißen	
Grundwerkstoffe	**Handhabung**
Alle Metalle	WIG

Arbeitsregel

Halten Sie die Wolframelektrode sauber. Bringen Sie kein Fett, Schmutz, Öl oder andere Verunreinigungen auf die Oberfläche der Elektrode. Lassen Sie die Wolframelektrode nicht auf der Werkbank herumliegen, wo sie verschmutzen kann.

Darstellung

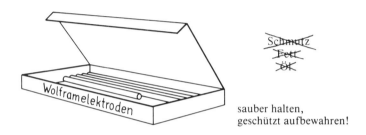

sauber halten, geschützt aufbewahren!

Erläuterung

Fett, Öl und Schmutz zerstören nicht nur die einwandfreie Schutzgasatmosphäre, die Sie beim WIG-Schweißen brauchen, sondern können auch den Elektrodenwerkstoff selbst durch ihre Verbrennungsrückstände in Mitleidenschaft ziehen.

Fehler

Schlechtes Zünden,
verunreinigte Schweißnaht,
Poren

Beseitigung des Fehlers

—

| Schweißverfahren
WIG-Schweißen	Arbeitsregel-Nr. **60**
Grundwerkstoffe
Alle Metalle	**Handhabung**
WIG

Arbeitsregel

Lassen Sie nach dem Erlöschen des Lichtbogens das Argon so lange nachströmen, bis die Wolframelektrode unter Argonschutz kalt geworden ist.

Darstellung

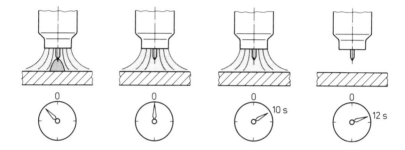

Erläuterung

Geht nach dem Löschen des Lichtbogens vom Ende der Wolframelektrode ein feiner, weißer Rauch aus, dann war die Argonnachströmung mangelhaft. Die noch glühende Wolframelektrode ist mit Luft in Berührung gekommen. Der Rauch ist giftig. Das oxidierte Ende der Elektrode muß entfernt werden. Ausreichendes Nachströmen ist an dem silbrigen Glanz der kalt gewordenen Elektrode zu erkennen. Graufärbung bedeutet Oxidierung. Bläuliche Anlauffarben sollten ebenfalls vermieden werden, weil darunter schon die Wiederzündfähigkeit leiden kann.

Fehler

Wolframelektrode oxidiert, Elektrodenspitze abgebrannt,
schlechtes Zünden,
unstabiler Lichtbogen.

Beseitigung des Fehlers

Elektrodenspitze entfernen und neu anschleifen,
Nachströmzeit am Schweißgerät kontrollieren und neu einstellen (erforderliche Nachströmzeit hängt vom Elektrodendurchmesser ab).

Schweißverfahren WIG-Schweißen	**Arbeitsregel-Nr.** 61
Grundwerkstoffe Alle Metalle	**Handhabung** WIG

Arbeitsregel

Machen Sie – wo es möglich ist – Gebrauch von einer „Gaslinse" oder ähnlichen Einrichtungen, welche ein wirbelfreies Ausströmen des Argons aus der Gasdüse gewährleisten und die Gasströmung über eine längere Strecke stabilisieren.

Darstellung

normale Schutzgasströmung durch Schlitze   verbesserte Schutzgasströmung durch Gaslinse   verbesserte Schutzgasströmung durch Gassammelraum

Erläuterung

Durch eine „Gaslinse" im WIG-Brenner wird ein „laminares", wirbelfreies Ausströmen des Argons aus der Gasdüse erreicht. Diese Strömung bleibt über eine längere Wegstrecke stabil. Es ist also damit möglich, die Wolframelektrode weit genug aus der Gasdüse herausstehen zu lassen, die Sichtverhältnisse für den Schweißer zu verbessern und an Stellen schlechter Zugänglichkeit mit größerer Sicherheit zu arbeiten.

Fehler

Poren

Beseitigung des Fehlers

—

Schweißverfahren		
WIG-Schweißen	Arbeitsregel-Nr.	62
Grundwerkstoffe	**Handhabung**	
Alle Metalle	**WIG**	

Arbeitsregel

Legen Sie am Schweißplatz immer einige vorbereitete, angeschliffene Wolframelektroden bereit!

Darstellung

falsch,
nicht wegen jeder
einzelnen Elektrode
zum Schleifbock rennen!

Erläuterung

Wenn mit einer Wolframelektrode mehrmals gezündet worden ist, kann das Wiederzünden mit kalter Elektrode ohne Werkstückberührung trotz Impulsgenerators schwierig werden. Erneutes Anschleifen stellt die Zündfreudigkeit wieder her. Ein – allerdings nur begrenzt wirksamer – „Schweißertrick" besteht darin, mit der Spitze der stromlosen, kalten Elektrode über eine rauhe Metallfläche (zum Beispiel Schweißtisch) zu kratzen.

Fehler

Zündschwierigkeit,
Zeitverlust

Beseitigung des Fehlers

Vor Beginn der Schweißarbeit darüber nachdenken, was während des Schweißens benötigt wird – deshalb vorbereitete Wolframelektroden am Schweißplatz, geschützt vor Verschmutzung, bereitlegen.

Schweißverfahren WIG-Schweißen	**Arbeitsregel-Nr.** 63
Grundwerkstoffe Alle Metalle	**Handhabung** WIG

Arbeitsregel

Stoßen Sie die Wolframelektrode nicht ins Schweißbad. Berühren Sie mit dem Schweißstab nicht die glühende Wolframelektrode.

Darstellung

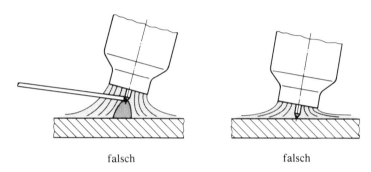

falsch   falsch

Erläuterung

Die glühende Wolframelektrode legiert sich auf, wenn sie mit dem Schweißbad oder dem Schweißstab in Berührung kommt. Das Auflegieren geschieht besonders intensiv beim Schweißen von Aluminium und Aluminiumlegierungen. Beim Schweißen mit einer durch Aluminium auflegierten Wolframelektrode entsteht ein unruhiger Lichtbogen und ein schwarzer Belag auf und neben der Schweißnaht. In diesem Zustand nicht weiter schweißen, Elektrode dann wechseln!

Fehler

Unruhiger Lichtbogen,
verunreinigte Naht

Beseitigung des Fehlers

Auflegiertes Elektrodenende entfernen,
Elektrode neu anschleifen.

Schweißverfahren		Arbeitsregel-Nr.	64
WIG-Schweißen			
Grundwerkstoffe		**Handhabung**	
Alle Metalle		WIG	

Arbeitsregel

Ersetzen Sie bei WIG-Geräten, die mit einem Impulsgenerator älterer Bauart ausgestattet sind, die Funkenstreckenpatrone, wenn beim Schweißen von Aluminium mit Wechselstrom nach dem Berührungszünden kein Lichtbogen entsteht oder wenn beim Schweißen mit Gleichstrom die Zündhilfe fehlt.

Darstellung

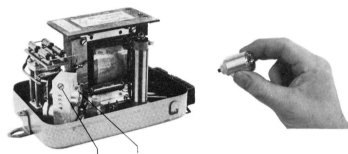

Klemmschraube   Funkenstreckenpatrone

Erläuterung

Die Funkenstreckenpatrone verschleißt im Lauf der Zeit und muß ersetzt werden. Halten Sie mindestens eine Funkenstreckenpatrone in Reserve, damit Sie keine Betriebsunterbrechung erleiden.

Fehler

Beim Schweißen mit Wechselstrom: kein Lichtbogen,
beim Schweißen mit Gleichstrom: keine Zündhilfe.

Beseitigung des Fehlers

Defektes Teil ersetzen.

Achtung:

Arbeiten an elektrischen Teilen nur durch einen Fachmann oder durch eine unterwiesene Person, die über ihre Aufgaben sowie über Gefahren bei unsachgemäßem Verhalten unterrichtet und über notwendige Schutzmaßnahmen belehrt worden sind.

Schweißverfahren WIG-Schweißen	**Arbeitsregel-Nr.** 65
Grundwerkstoffe Alle Metalle	**Handhabung** **WIG**

Arbeitsregel

Verwenden Sie als Schweißzusatz keine Blechstreifen, die Sie vom Blech abscheren, sondern nur handelsübliche Schweißstäbe.

Darstellung

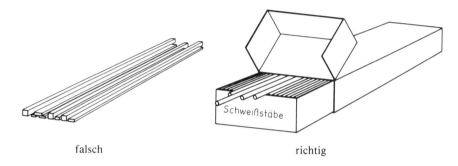

falsch	richtig

Erläuterung

Die unsauberen Kanten von abgescherten Blechstreifen bringen Oxide und gelegentlich auch Verunreinigungen in das Schweißgut. Außerdem fehlen dem Blechstreifen die etwas erhöhten Legierungsgehalte, die oft zum Ausgleichen des Abbrandes erforderlich sind (bei stabilisierten Chrom-Nickel-Stählen zum Beispiel muß der Schweißstab als Stabilisierungselement Tantal/Niob enthalten, während das Blech oft nur Titan enthält, das im Lichtbogen zum Teil ausbrennt). Der Blechstreifen bietet nicht die Möglichkeit, das Schweißgut metallurgisch zu beeinflussen.

Fehler

Oxide im Schweißgut,
Schweißgut mit schlechteren Gütewerten.

Beseitigung des Fehlers

—

Schweißverfahren WIG-, MIG-, MAG-Schweißen	Arbeitsregel-Nr. **66**
Grundwerkstoffe Alle Metalle	Handfertigkeit

Arbeitsregel
Halten Sie den Schweißbrenner nicht zu schräg, sondern möglichst steil zur Oberfläche des Werkstücks.

Darstellung

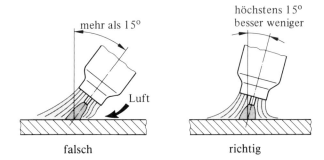

falsch — richtig

Erläuterung
Wenn die Schutzgasströmung mit starker Neigung auf die Oberfläche des Werkstücks auftrifft (Darstellung links), kann durch „Injektorwirkung" Luft in den Lichtbogenbereich angesaugt werden. Dann ist der Schutzgasschleier gestört. Die Folge: Poren in der Schweißnaht (besonders anfällig dafür sind Aluminiumwerkstoffe) sowie verstärkte Oxidbildung an der Nahtoberfläche (bei Chrom-Nickel-Stählen zu beobachten).

Fehler
Poren,
Oxidbildung auf der Nahtoberfläche.

Beseitigung des Fehlers
Fehlstellen entfernen (zum Beispiel ausschleifen, ausmeißeln, thermisch ausfugen) und nachschweißen; dabei Wirkung der erneuten Erwärmung beachten (zum Beispiel Eigenspannung, Verzug, Gefügeveränderung in der Wärmeeinflußzone).

Schweißverfahren WIG-, MIG-, MAG-Schweißen	**Arbeitsregel-Nr.** 67
Grundwerkstoffe Alle Metalle	**Handfertigkeit**

Arbeitsregel
Lassen Sie den Abstand zwischen Werkstückoberfläche und Gasdüse nicht zu groß werden.

Darstellung

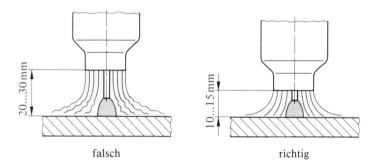

falsch   richtig

Erläuterung
Wenn der Abstand zu groß wird, besteht im Bereich des Lichtbogens und des Schmelzbades keine stabile Schutzgasströmung mehr. Eine Erhöhung der Schutzgasmenge ist bei zu großem Abstand nur bedingt wirksam und kostet Geld. Lediglich mit besonderen Einrichtungen, wie der „Gaslinse" bei WIG-Schweißbrennern oder ähnlich wirkenden Einrichtungen, läßt sich ein laminarer, wirbelfreier Schutzgasstrom über eine größere Entfernung erhalten.

Fehler
Poren

Beseitigung des Fehlers
Fehlstelle entfernen (zum Beispiel ausschleifen, ausmeißeln, thermisch ausfugen) und nachschweißen. Dabei Wirkung der erneuten Erwärmung beachten (zum Beispiel Eigenspannungen, Verzug, Gefügeveränderungen in der Wärmeeinflußzone).

Schweißverfahren	Arbeitsregel-Nr.	68
MIG- und MAG-Schweißen		
Grundwerkstoffe	**Handfertigkeit**	
Alle Metalle		

Arbeitsregel
Beachten Sie den Einfluß der Brennerhaltung auf den Einbrand!

Darstellung

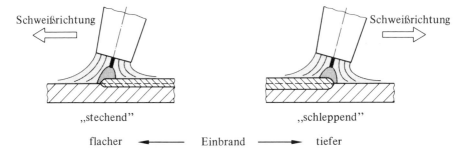

Schweißrichtung ← "stechend"   "schleppend" → Schweißrichtung

flacher ← Einbrand → tiefer

Erläuterung
Einbrandtiefe und Einbrandform hängen von vielen Faktoren ab:
Elektrodendurchmesser, Lichtbogenlänge, Schweißstrom, Schweißgeschwindigkeit, Art des Schutzgases, Werkstückdicke. Bei sonst gleichen Werten wirkt sich auch die Neigung des Brenners zur Schweißrichtung aus: geringerer Einbrand beim **stechenden** Schweißen (günstig für Wurzellagen, für Dünnblechschweißen, für dünnere einlagige Kehlnähte, für geringes Wärmeeinbringen bei Chrom-Nickel-Stahl), größerer Einbrand beim **schleppenden** Schweißen (günstig für Füllagen waagerecht, für dickere Kehlnähte, für Wurzelgegenschweißen).

Fehler
Einbrand zu flach
oder
Einbrand zu tief

Beseitigung des Fehlers
Im allgemeinen nachträglich nicht mehr zu beseitigen.

Schweißverfahren MIG- und MAG-Schweißen	**Arbeitsregel-Nr.** 69
Grundwerkstoffe Alle Metalle	**Handfertigkeit**

Arbeitsregel

Schweißen Sie zügig. Vermeiden Sie breite Pendelraupen.
Lassen Sie das Schweißbad nicht vorlaufen.

Darstellung

Schweißgeschwindigkeit

etwa 35 cm/min   etwa 15 cm/min   40...55 cm/min

enge Pendelraupe   weite Pendelraupe   Strichraupe

 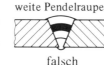

richtig   falsch   richtig   (nach Pomaska)

Erläuterung

Der Lichtbogen muß die Fugenflanken und die Nahtwurzel aufschmelzen und darf nicht auf dem vorlaufenden Bad brennen, weil sonst ein Flankenbindefehler entstehen kann. Dieser Fall kann eintreten, wenn der Öffnungswinkel einer V-Naht zu klein oder wenn die dafür gewählte Abschmelzleistung zu hoch ist oder wenn zu langsam geschweißt wird – insbesondere, wenn alle drei Fehler gleichzeitig gemacht werden.
Eine weitere Fehlermöglichkeit: Ein zu großes Schweißbad wird vom Schutzgas nicht mehr ausreichend abgedeckt.

Fehler

Bindefehler,
Poren

Beseitigung des Fehlers

—

Schweißverfahren MIG- und MAG-Schweißen	**Arbeitsregel-Nr.** 70
Grundwerkstoffe Alle Metalle	**Handfertigkeit**

Arbeitsregel
Kehlnähte in Wannenposition dürfen nur bis höchstens 6 mm Kehlnahtdicke (a-Maß) in **einer** Lage geschweißt werden. Dickere Kehlnähte sind mehrlagig zu schweißen. Dabei Zwischenlagen und Decklagen als Zugraupen (Strichraupen) ausführen!

Darstellung

falsch:

10 mm dicke Kehlnaht, einlagig in Wannenposition geschweißt:
Einbrandtiefe zu gering und Flankenbindefehler.

richtig:

10 mm dicke Kehlnaht, zweilagig (erste Lage eine Raupe, zweite Lage zwei Raupen) in Wannenposition geschweißt: einwandfreie Verbindung, von außen erkennbar. (nach Perschl)

Erläuterung
Bei einlagig geschweißten, zu dicken Kehlnähten besteht die Gefahr von Flankenbindefehlern und zu geringer Einbrandtiefe, wenn der Lichtbogen auf vorlaufendem Bad brennt. Mit der Zugraupentechnik wird die Gefahr vermieden. Schon die äußerliche Betrachtung zeigt dem Abnehmer oder Prüfer, daß keine Flankenbindefehler durch unrichtige Arbeitsweise provoziert worden sind.

Fehler
Zu geringe Einbrandtiefe, Flankenbindefehler

Beseitigung des Fehlers
—

Schweißverfahren MIG- und MAG-Schweißen	Arbeitsregel-Nr. **71**
Grundwerkstoffe Alle Metalle	**Handfertigkeit**

Arbeitsregel

Wenn Sie Kehlnähte an Blechen ungleicher Dicke schweißen, müssen Sie entweder die Brennerneigung so ändern, daß der Lichtbogen mehr gegen das dickere Blech „zeigt" (er bleibt weiterhin auf den Wurzelpunkt gerichtet, Bild 2), oder den Neigungswinkel bei 45° belassen, den Brenner jedoch um 2 bis 3 mm zum dickeren Blech hin versetzen (Bild 3).

Darstellung

Bild 1. So ist es richtig: symmetrische Brennerführung bei Blechen gleicher Dicke.

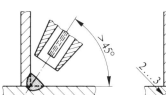
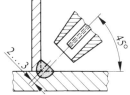

Bild 2.   Bild 3.

Das ist richtig: unsymmetrische Brennerführung bei Blechen ungleicher Dicke.   (nach Farwer)

Erläuterung

Werden verschieden dicke Bleche in einer Arbeitsweise nach Bild 1 geschweißt, dann wird bei niedrigem Schweißstrom (zum dünneren Blech passend) das dickere Blech nicht voll erfaßt. Die Folge sind Bindefehler. Bei höherem Schweißstrom (zum dickeren Blech passend) kann es zu Einbrandkerben oder sogar zum Baddurchbruch am dünneren Blech kommen.

An horizontalen Kehlnähten sollte möglichst das dickere Blech in der Waagerechten liegen, damit das Schweißbad auf keinen Fall durchbricht.

Fehler

Bindefehler, Einbrandkerben

Beseitigung des Fehlers

Solche Fehler nicht nachträglich beseitigen, sondern von vornherein vermeiden!

Schweißverfahren	Arbeitsregel-Nr.	72
MAG-Schweißen		
Grundwerkstoffe	**Handfertigkeit**	
Unlegierte und niedriglegierte Stähle		

Arbeitsregel

Wenn Sie Kehlnähte in Position f (als Fallnaht) schweißen wollen, dann verringern Sie gegenüber der Position w (waagerecht) die Spannung, nehmen den Drahtvorschub um etwa 30% zurück und hindern das verkleinerte Schweißbad am Vorlaufen, indem Sie rasch genug eine Strichraupe ziehen.

Darstellung

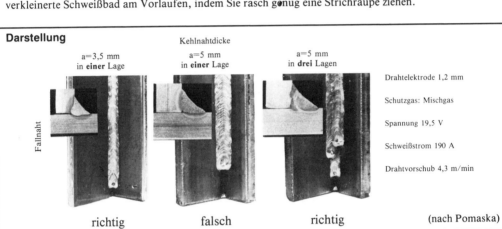

Kehlnahtdicke

a=3,5 mm in **einer** Lage   a=5 mm in **einer** Lage   a=5 mm in **drei** Lagen

Drahtelektrode 1,2 mm

Schutzgas: Mischgas

Spannung 19,5 V

Schweißstrom 190 A

Drahtvorschub 4,3 m/min

Fallnaht

richtig   falsch   richtig   (nach Pomaska)

Erläuterung

Beim Fallnahtschweißen besteht die Gefahr, daß das Schweißbad vorläuft, wenn es zu groß wird. Damit es kleiner wird, muß die Abschmelzleistung verringert werden. Da aber gleichzeitig sehr zügig geschweißt werden muß, damit das Bad schnell erstarren kann, ist die Dicke der in einer Lage zu schweißenden Naht auf ein a-Maß von 3,5 mm begrenzt.
Dickere Kehlnähte sind in dieser Schweißposition in mehreren Strichraupen zu schweißen.

Fehler

Schweißbad läuft vor.
Mangelhafter Einbrand in der Wurzel und an den Fugenflanken, im schlimmsten Fall: Flankenbindefehler.

Beseitigung des Fehlers

—

Schweißverfahren		
MIG- und MAG-Schweißen	**Arbeitsregel-Nr.**	**73**
Grundwerkstoffe		
Alle Metalle	**Handfertigkeit**	

Arbeitsregel
Bei einlagigen Schweißungen sowie bei Wurzelschweißungen sorgt eine Brennerstellung symmetrisch zu den Schweißkanten für die sichere Erfassung der Nahtflanken ohne Bindefehler. Bei Füll- und Decklagen dagegen ist die vorhandene Nahtkontur mit den bereits gelegten Schweißraupen zu beachten.

Darstellung

a) unsymmetrische Brennerführung — falsch
b) symmetrische Brennerführung — richtig

a) unsymmetrische Brennerführung, bedingt durch zu engen Nahtöffnungswinkel — falsch
b) symmetrische Brennerführung, aber zu großer Kontaktrohrabstand — falsch
c) symmetrische Brennerführung — richtig

(nach Farwer)

Erläuterung
Bei dünneren Blechen (obere Bildreihe) erlaubt die Breite der Nahtöffnung meist die symmetrische Brennerführung zu vorhandenen Lagen. Dies ist an dicken Blechen (untere Bildreihe) bei zu engen Nahtöffnungswinkeln nicht mehr möglich. Ein größerer Kontaktrohrabstand als Abhilfe ist schädlich, im Sprühlichtbogen sollen 20 mm nicht überschritten werden.

Fehler
Bindefehler in den Nahtflanken,
Poren (Fall b, untere Bildreihe)

Beseitigung des Fehlers
Die mögliche Fehlerquelle wird durch einen größeren Nahtöffnungswinkel und symmetrische Brennerführung zur Nahtkontur (untere Bildreihe, Bild c) beseitigt.

Schweißverfahren		
MAG-Schweißen	**Arbeitsregel-Nr.**	**74**
Grundwerkstoffe		
Stahl	**Handfertigkeit**	

Arbeitsregel Vermeiden Sie zu große Nahtüberhöhung, indem Sie
- die Naht möglichst in Wannenposition und gegebenenfalls in mehreren Lagen schweißen,
- Schweißgeschwindigkeit und Abschmelzleistung aufeinander abstimmen,
- die Brennerneigung korrigieren,
- die Schweißspannung erhöhen bzw. den Drahtvorschub vermindern, ggf. leicht pendeln.

Darstellung
Benennung und Darstellung des Schweißnahtfehlers nach DIN EN 26 520

zu große Nahtüberhöhung   normal

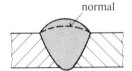

(nach Klein)

Erläuterung
Eine zu große Nahtüberhöhung tritt auf, wenn
- Schweißposition zu sehr steigend gewählt wird,
- Schweißgeschwindigkeit zu klein bzw. Abschmelzleistung zu hoch eingestellt wird,
- Naht mit zu starker Brennerneigung schleppend geschweißt wird,
- Schweißspannung zu niedrig und/oder Drahtvorschub zu hoch eingestellt werden.

Fehler
Zu große Nahtüberhöhung

Beseitigung des Fehlers
Abschleifen − kostet Zeit und Schleifscheiben!

Schweißverfahren MAG-Schweißen	**Arbeitsregel-Nr.** 75
Grundwerkstoffe Stahl	**Handfertigkeit**

Arbeitsregel   Vermeiden Sie die Unterwölbung von Decklagen, indem Sie
- zügig pendeln, ● die Naht in mehreren Lagen bzw. Raupen schweißen,
- möglichst in Wannenposition schweißen; dennoch eher etwas fallend als steigend (bei einer leicht steigend geschweißten Naht ergibt sich schnell eine zu große Nahtüberhöhung), jedoch darf das Schweißbad nicht vorlaufen.

Darstellung
Benennung und Darstellung des Schweißnahtfehlers nach DIN EN 26 520

Decklagenunterwölbung

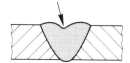

(nach Klein)

Erläuterung
Eine Decklagenunterwölbung tritt auf, wenn
- beim Pendeln zu lange an den Fugenflanken verweilt wird, sofern das Schweißbad zu kalt ist oder eine einlagige Naht zu breit gehalten wird,
- der Querschnitt der Decklage zu groß ist,
- bei hoher Abschmelzleistung die Schweißposition zu stark fallend gewählt wird.

Fehler
Unterwölbung der Decklagen

Beseitigung des Fehlers
Nachschweißen (falls zulässig)

Schweißverfahren		
MAG-Schweißen	**Arbeitsregel-Nr.**	**76**
Grundwerkstoffe		
Stahl	**Handfertigkeit**	

Arbeitsregel

Vermeiden Sie Einbrandkerben, indem Sie ● richtig pendeln, ● die Schweißspannung vermindern, ● dickere Kehlnähte mehrlagig schweißen, ● starken Rost von den Werkstücken im Stoßbereich entfernen, ● die Brennerhaltung korrigieren, ● Abschmelzleistung und Schweißgeschwindigkeit aufeinander abstimmen.

Darstellung

Benennung und Darstellung des Schweißnahtfehlers nach DIN EN 26 520

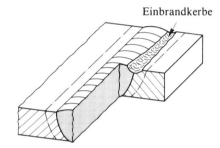

Einbrandkerbe

(nach Klein)

Erläuterung

Einbrandkerben entstehen, wenn ● nicht breit genug gependelt oder an den Fugenflanken zu kurz verweilt wird, ● die Schweißspannung zu hoch ist, dadurch der Lichtbogen zu lang wird, ● einlagige Kehlnähte zu dick sind, das Schweißgut absackt, ● Werkstücke übermäßig verzundert oder verrostet sind, ● falsche Brennerhaltung gewählt wird, ● (bei Zugraupen) zu hohe Abschmelzleistung und zu große Schweißgeschwindigkeit eingestellt werden.

Sonderfall: Ist die Ursache der Einbrandkerbe eine Blaswirkung, dann Werkstückkabelanschluß verlegen, bei Schweißtischen zum Beispiel Werkstückkabel beidseitig anbringen („doppelter Anschluß"); durch entsprechende Brennerneigung der Blaswirkung begegnen; Schweißfolge ändern.

Fehler

Einbrandkerbe

Beseitigung des Fehlers

Nachschweißen

Schweißverfahren MAG-Schweißen	**Arbeitsregel-Nr.** 77
Grundwerkstoffe Stahl	**Handfertigkeit**

Arbeitsregel Vermeiden Sie Endkrater, indem Sie
- den Krater durch langsames „Hin- und Herschweißen" füllen
- oder den Lichtbogen abschalten, das Schweißbad eben erstarren lassen und den Krater dann „vollschweißen",
- unter Umständen ein „Auslaufblech" verwenden.

Darstellung

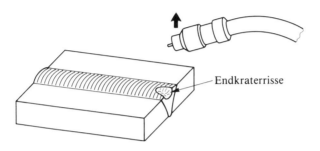

(nach Klein)

Erläuterung

Ein Endkrater entsteht, wenn der Lichtbogen zu früh oder zu rasch abgezogen wird, solange das Schweißbad noch zu groß ist.
Beachten Sie in diesem Zusammenhang auch die Arbeitsregel Nr. 31, welche sich mit dem Erkalten des Nahtendes unter dem Gasschutz befaßt.

Fehler
Endkrater

Beseitigung des Fehlers
Nachschweißen

Schweißverfahren	Arbeitsregel-Nr.	**78**
MAG-Schweißen		
Grundwerkstoffe	**Handfertigkeit**	
Stahl		

Arbeitsregel

Vermeiden Sie Schlackeneinschlüsse, indem Sie ● den Schweißstoßbereich reinigen, ● die Brennerdüse öfter säubern, ● die Brennerführung korrigieren, zum Beispiel Brennerabstand kürzen, Brennerneigung verringern, ● Schlacken auf den Oberflächen der Raupen vor dem Schweißen weiterer Raupen bzw. den Stoßflächen beseitigen.

Darstellung

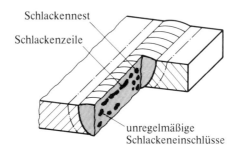

Schlackennest
Schlackenzeile
unregelmäßige Schlackeneinschlüsse

(nach Klein)

Erläuterung

Schlackeneinschlüsse sind möglich, wenn
- Schlacken (zum Beispiel Walzzunder) in das Schweißbad gespült werden,
- Spritzer von der Brennerdüse ins Schweißbad fallen,
- der Brenner falsch geführt wird,
- Schlacke von vorhergehenden Lagen nicht oder nur ungenügend entfernt wird,
- an den Stoßflächen verbliebene Brennschneidschlacke nicht entfernt wird.

Fehler

Schlackeneinschlüsse

Beseitigung des Fehlers

Notfalls anschleifen und nachschweißen

Schweißverfahren	**Arbeitsregel-Nr.**	**79**
WIG-Schweißen		

Grundwerkstoffe	
Unlegierte und niedriglegierte Stähle	**Werkstoffe**

Arbeitsregel

Verwenden Sie als Schweißzusatz keine Gasschweißstäbe, sondern nur die besonders für das WIG-Schweißen vorgesehenen Schweißstäbe. Schweißen Sie unberuhigt vergossene Stähle nur mit Schweißzusatz.

Darstellung

Erläuterung

Gasschweißstäbe sind für das Abschmelzen im Argonlichtbogen nicht geeignet. Sie führen zu Schweißnähten mit Poreneinschlüssen. Deshalb liefern die Hersteller für das WIG-Schweißen von unlegierten und niedriglegierten Stählen Schweißstäbe, deren Legierungsgehalt (insbesondere an Mangan und Silizium) auf den Argonlichtbogen abgestimmt ist.

Dünne Bleche aus beruhigt vergossenen Stahlgüten können Sie im allgemeinen auch ohne Schweißzusatz verschweißen (dabei das Schweißbad klein halten). An Blechen aus unberuhigt vergossenem Stahl besteht beim Schweißen ohne Schweißzusatz immer die Gefahr von Porenbildung.

Fehler

Poren

Beseitigung des Fehlers

Sorgfältige, getrennte Lagerung von Schweißzusätzen für das Gasschweißen und das WIG-Schweißen.

Schweißverfahren			
MAG-Schweißen		Arbeitsregel-Nr.	**80**
Grundwerkstoffe	Bauteile aus unlegiertem Stahl, die nach dem Schweißen feuerverzinkt werden.	**Werkstoffe**	

Arbeitsregel

Wählen Sie als Zusatzwerkstoff eine Drahtelektrode mit möglichst niedrigem Siliziumgehalt, auch wenn sie teurer ist als Ihre Standard-Drahtelektrode für unlegierten Stahl.

Darstellung

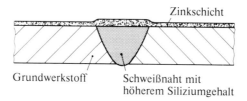

Zinkschicht

Grundwerkstoff   Schweißnaht mit höherem Siliziumgehalt

Erläuterung

Die Schichtdicke einer Verzinkungsschicht wird vom Legierungsgehalt des Grundwerkstoffes beeinflußt. Das Schweißgut handelsüblicher MAG-Drahtelektroden zeichnet sich durch einen höheren Siliziumgehalt aus. Das bedeutet: es kommt an der Schweißnaht, auch wenn sie blecheben geschliffen ist, zu einer dickeren Zinkschicht als neben der Naht. Dies ist zwar korrosionstechnisch unbedenklich, ist aber optisch störend und kann zur Beanstandung durch Ihren Abnehmer führen.

Fehler

Optische Beanstandung

Beseitigung des Fehlers

Praktisch nicht mehr möglich

Schweißverfahren		
MAG-Schweißen	Arbeitsregel-Nr.	**81**
Grundwerkstoffe		
Feinkornbaustähle	**Werkstoffe**	

Arbeitsregel
Halten Sie sich beim Schweißen von Feinkornbaustählen unbedingt an die vorgeschriebene Streckenenergie. Benutzen Sie hierbei das DVS-Merkblatt 0916 „Metall-Schutzgasschweißen von Feinkornbaustählen", das leicht ablesbare Tabellen für Schweißparameter und erforderliche Schweißgeschwindigkeiten enthält.

Darstellung

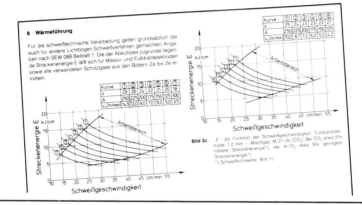

Erläuterung
Bei Feinkornbaustählen kommt es auf die richtige Wärmeführung an, damit eine Verringerung der Zähigkeit (bei zu hoher Streckenenergie) oder Rißbildung (bei zu niedriger Streckenenergie) vermieden werden. Den dafür geschaffenen Wert der „Streckenenergie" erhalten Sie, wenn Sie die Lichtbogenspannung mit dem Schweißstrom multiplizieren und dann durch die Schweißgeschwindigkeit dividieren. Die zulässigen Streckenenergien sind wanddickenabhängig und zusammen mit den zulässigen Abkühlzeiten beim Stahlhersteller zu erfragen. Das DVS-Merkblatt 0916 gibt Ihnen Empfehlungen und erspart Ihnen Zwischenrechnungen.

Fehler
Verlust an Zähigkeit oder Risse

Beseitigung des Fehlers
—

Schweißverfahren	Arbeitsregel-Nr.	82
MAG-Schweißen		
Grundwerkstoffe	**Werkstoffe**	
Feinkornbaustähle		

Arbeitsregel
Halten Sie sich bei der Wahl der Schweißzusätze (Massiv- oder Fülldrahtelektroden) an die Empfehlungen des DVS-Merkblattes 0916 „Metall-Schutzgasschweißen von Feinkornbaustählen".

Darstellung

Seite 3 zu DVS 0916

Tabelle 2a. Schweißzusätze für Feinkornbaustähle — Massivdrahtelektroden.

Stahlsorte DIN-Bezeichnung	Werkstoff-Nr.	Legierungstyp/Schutzgas-Kombination – Anforderung an die Kerbschlagarbeit																		
		Längsrichtung									Querrichtung									
		MnSG 2C	MnSG 2M	MnSG 3C	MnSG 3M	1.3 NiC	2.0 NiM	1 NiMoC	1 NiMoM	Mn 1.5 NiCrMoC	Mn 1.5 NiCrMoM	Mn 2 NiCrMoC	Mn 2 NiCrMoM	Mn SG 2C	MnSG 2M	MnSG 3C	MnSG 3M	1.3 NiC	2.0 NiM	1 NiMoC	1 NiMoM	Mn 1.5 NiCrMoC	Mn 1.5 NiCrMoM	Mn 2 NiCrMoC	Mn 2 NiCrMoM
StE 255	1.0461	x	x											x	x										
WStE 255	1.0462	x	x												x										
TStE 255	1.0463	x¹⁾		x													x								
EStE 255	—																								
StE 285	1.0486	x	x											x	x										
WStE 285	1.0487	x	x												x										
TStE 285	1.0488	x¹⁾		x													x								
EStE 285	—																								
StE 315	1.0505	x	x											x	x										
WStE 315	1.0506	x	x												x										
TStE 315	1.0508	x¹⁾		x													x								
EStE 315	—																								

Erläuterung
Gerade bei Feinkornbaustählen kommt es besonders auf die richtige Abstimmung zwischen Grundwerkstoff und Schweißzusatzwerkstoff an. Durch den aufgemischten Grundwerkstoff wird die Festigkeit des Schweißgutes in der Wurzel erhöht. Deshalb können bei Feinkornbaustählen ab einer bestimmten Mindeststreckgrenze für die Wurzelschweißung Schweißzusätze mit Schweißgut niedrigerer Festigkeit als für Füll- und Decklagen verwendet werden.
Im übrigen: Strichraupen ziehen, die Viellagentechnik anwenden (siehe auch Arbeitsregel 70).

Fehler
Verlangte Gütewerte werden nicht erreicht.

Beseitigung des Fehlers
—

Schweißverfahren MAG-Schweißen	**Arbeitsregel-Nr.** 83
Grundwerkstoffe Baustähle nach DIN 17 100, Feinkornbaustähle, Kesselbleche, Stahlguß	**Werkstoffe**

Arbeitsregel

Beim Schweißen dicker Bleche (etwa über 10 mm) sollten Sie das DVS-Merkblatt 0925 beachten. Es gibt Ihnen u. a. Hinweise zur Steuerung des Gerätes, zur Fugenvorbereitung und zur Arbeitstechnik.

Darstellung

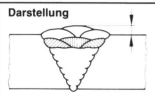

Einfluß des Füllgrades auf die Decklage;
Füllgrad richtig: Überhöhung normal.

Empfohlener Lagenaufbau
(andere Raupenfolge ist bauteilabhängig möglich)

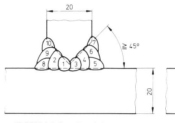
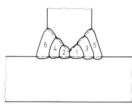

DHV-Naht, Position h   DHV-Naht, Position s

Erläuterung

Beim Dickblechschweißen sollte Ihre Gerätesteuerung mit einer „Anschleichgeschwindigkeit" bis zum Zündzeitpunkt ausgerüstet sein, ferner mit einer einstellbaren Rückbrennzeit für das Schweißende sowie mit Vor- und Nachströmzeit für das Schutzgas.
Vorwärmtemperaturen beachten (beispielsweise beim Werkstoff St 52 nach DVS-Merkblatt 1703 zwischen 50 und 80°C).
Genügend lange (mind. 60 mm) und dicke (mind. 4 mm) Heftnähte schweißen – schon vor dem Vorwärmen. Gerissene Heftstellen nicht überschweißen, sondern ausschleifen.
Wurzel- und Decklagen als Zugraupen schweißen. Brenneranstellung bei Massivdrahtelektroden neutral bis 10° stechend, bei Fülldrahtelektroden neutral bis leicht schleppend.
Auf richtigen Füllgrad der Decklage achten (oberes Bild). Die letzte Lage in der Mitte wird als „Vergütungsraupe" gelegt. An T-Stößen beim Aufbau der Lagen (unteres Bild) die Schweißposition beachten.

Fehler

Bindefehler, Poren.

Beseitigung des Fehlers

—

Schweißverfahren		
WIG-, MIG-, MAG-Schweißen, Plasmaschweißen	**Arbeitsregel-Nr.**	**84**
Grundwerkstoffe		
Chrom-Nickel-Stahl	**Werkstoffe**	

Arbeitsregel
Trennen Sie die Arbeitsplätze für die Verarbeitung von Chrom-Nickel-Stahl von den Arbeitsplätzen für unlegierten Stahl.

Darstellung

Arbeitsplatz Chrom-Nickel-Stahl   Arbeitsplatz unlegierter Stahl

Erläuterung
Die Oberfläche von Chrom-Nickel-Stählen ist an Arbeitsplätzen für unlegierten Stahl immer in Gefahr, mit Eisenteilchen stoßend oder reibend in Berührung zu kommen (Werktische, Werkzeuge). An solchen Stellen wird die chemisch beständige Oberflächenschicht des Chrom-Nickel-Stahls zerstört. Auch Schleifstaub auf der Oberfläche des Chrom-Nickel-Stahls führt zu Flugrost und gefährdet die Korrosionsbeständigkeit.

Fehler
Oberfläche des Chrom-Nickel-Stahls ohne weitere chemische Nachbehandlung nicht mehr korrosionsbeständig.

Beseitigung des Fehlers
Beizen mit empfohlenen Beizlösungen, gegebenenfalls in mehreren Beizgängen. Nach jedem Beizgang gründlich wässern, gegebenenfalls passivieren mit besonderer Passivierungs-Lösung.

Schweißverfahren WIG-, MIG-, MAG-Schweißen, Plasmaschweißen	**Arbeitsregel-Nr.** 85
Grundwerkstoffe Chrom-Nickel-Stahl	**Werkstoffe**

Arbeitsregel
Vermeiden Sie unbedingt Spalte – auch an der Unterseite der Naht.

Darstellung

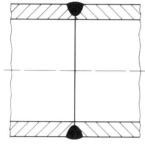 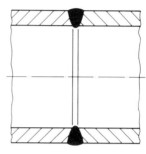

falsch   richtig

Erläuterung
In Spalte mit Breiten von 0,05 bis 0,20 mm kann sich an Chrom-Nickel-Stahl die chemisch beständige Oberflächenschicht nicht dauerhaft ausbilden. Beim Korrosionsangriff kommt es dort zur Spaltkorrosion. Solche Spalte entstehen oft beim unvollständigen Schweißen (Nichterfassen) von Wurzeln, beispielsweise an Rohren, wenn die Unterseite der Naht nicht mehr zugänglich ist.

Fehler
Korrosionsangriff im Spalt

Beseitigung des Fehlers
Konstruktiv bedingte Spalte durch geänderte Konstruktion vermeiden.
Wurzeln durchschweißen (wird erleichtert durch Unterlegschiene aus Kupfer, die einen Schutzgasstau hervorruft, oder durch Füllen von Rohren und Behältern mit Formiergas).

Schweißverfahren WIG-, MIG-, MAG-Schweißen, Plasmaschweißen	Arbeitsregel-Nr. **86**
Grundwerkstoffe Chrom-Nickel-Stahl	**Werkstoffe**

Arbeitsregel
Entfernen Sie die Anlauffarben auf und neben der Schweißnaht. Denken Sie beim Schweißen von Rohren auch an die Rohrinnenwand.

Darstellung

Merke:
Anlauffarben entfernen!
An Rohrinnenwänden Anlauffarben mit Hilfe von Wurzelschutzgasen vermeiden!

Anlauffarben entstehen nicht nur beim Schweißen, sondern auch beim Warmverformen und beim Schleifen mit hohem Anpreßdruck.

Erläuterung
Anlauffarben entstehen durch dünne Oxidschichten, die sich bei der Erwärmung an der Oberfläche des Chrom-Nickel-Stahls bilden, wo die Luft Zutritt hat. Sie müssen entfernt werden, damit sich dort die chemisch beständige passive Oberflächenschicht ausbilden kann. Man kann beizen, strahlen, schleifen oder örtlich mit Beizpaste und Bürste arbeiten. Die Beizpaste wird mit einem Pinsel aufgetragen, ihre Wirkung notfalls durch Bürsten verstärkt. Die Rückstände werden mit klarem Wasser und Lappen, Putzwolle oder weicher Bürste entfernt. An Rohrinnenwänden kann man Anlauffarben und ihre Korrosionsfolgen durch Verwendung von Wurzelschutzgasen (erforderlich schon beim Heften) vermeiden.

Fehler
Korrosionsangriff auf der mit Anlauffarben versehenen Fläche.

Beseitigung des Fehlers
Korrosion ist nicht mehr rückgängig zu machen, deshalb unbedingt die Arbeitsregeln einhalten und Anlauffarben vermeiden oder entfernen.

Schweißverfahren WIG-, MIG-, MAG-Schweißen, Plasmaschweißen	**Arbeitsregel-Nr.** 87
Grundwerkstoffe Chrom-Nickel-Stahl	**Werkstoffe**

Arbeitsregel
Verwenden Sie an Chrom-Nickel-Stahl nur besondere Drahtbürsten aus nichtrostendem Stahl – nie die üblichen Stahldrahtbürsten. Kennzeichnen Sie diese Bürsten deutlich und unverwechselbar, und verwenden Sie diese nicht mehr für unlegierte Stähle.

Darstellung

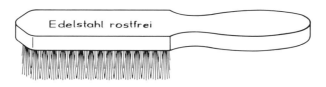

mit Signalfarbe (beispielsweise knallrot) kennzeichnen!

Erläuterung
Chrom-Nickel-Stähle sind nur dann korrosionsbeständig, wenn sich an ihrer Oberfläche eine Schutzschicht (Passivschicht) gebildet hat. Wenn solche Oberflächen mit einer Standard-Stahldrahtbürste bearbeitet werden, dann werden feine Eisenteilchen in die Oberfläche eingebracht, welche die Ausbildung der Schutzschicht verhindern und zu Ansatzpunkten für Rost und Korrosion werden können.

Fehler
Korrosionsangriff auf der mit einer Standard-Stahldrahtbürste behandelten Fläche.

Beseitigung des Fehlers
Korrosion ist nicht mehr rückgängig zu machen. Oberflächen, die durch Stahldrahtbürsten geschädigt worden sind, können durch Beizen wieder einwandfrei gemacht werden.

Schweißverfahren	Arbeitsregel-Nr.
WIG-, MIG-, MAG-Schweißen, Plasmaschweißen	**88**

Grundwerkstoffe	Werkstoffe
Chrom-Nickel-Stahl	

Arbeitsregel
Bei der Wahl des Schweißzusatzes gehen Sie zuerst von einer artgleichen Schweißung aus und prüfen erst dann sorgfältig, ob Sie von diesem Grundsatz abweichen können.

Darstellung

Grundwerkstoffauswahl		artgleicher Schweißzusatz	
Werkstoff-Nr.	Kurzzeichen	Werkstoff-Nr.	Kurzzeichen
1.4301	X5 CrNi 18 9	1.4302	SG X5 CrNi 19 9
1.4541	X10 CrNiTi 18 9	1.4551	SG X5 CrNiNb 19 9
1.4550	X10 CrNiNb 18 9		
1.4571	X10 CrNiMoTi 18 10	1.4576	SG X5 CrNiMoNb 19 12
1.4580	X10 CrNiMoNb 18 10		
1.4306	X2 CrNi 18 9	1.4316	SG X2 CrNi 19 9
1.4404	X2 CrNiMo 18 10	1.4430	SG X2 CrNiMo 19 12
1.4435	X2 CrNiMo 18 12		

Erläuterung
Chrom-Nickel-Stähle gibt es mit und ohne Molybdängehalt, mit und ohne Stabilisierungselemente sowie mit besonders niedrigem Kohlenstoffgehalt (ELC-Typen). Aus bestimmten Gründen wählt der Anwender einen dieser Werkstoffe aus; danach muß sich in der Regel auch die Schweißnaht richten, damit ihre Korrosionsbeständigkeit dem Grundwerkstoff entspricht. Nur in Sonderfällen kann man – etwa aus Preisgründen – von dieser Regel abweichen. Diese Entscheidung kann nur der Werkstoff-Fachmann verantworten!

Fehler
Falscher Schweißzusatz,
mangelhafte Korrosionsbeständigkeit der Schweißnaht

Beseitigung des Fehlers
Alle Nähte ausschleifen und mit dem richtigen Schweißzusatz neu schweißen
oder gesamte Schweißarbeit verschrotten (wollen Sie das riskieren?).

Schweißverfahren MIG- und MAG-Schweißen	Arbeitsregel-Nr. **89**
Grundwerkstoffe Chrom-Nickel-Stahl	**Werkstoffe**

Arbeitsregel

Überhitzen Sie das Schweißbad nicht, halten Sie es möglichst klein. Schweißen Sie zügig mit Strichraupen, vermeiden Sie breite Pendellagen. Ziehen Sie dünnere Drahtelektroden vor. Schweißen Sie mit kürzerem Lichtbogen. Halten Sie die Zwischenlagentemperatur niedrig.

Darstellung

Merke:

- nicht überhitzen
- kleines Schweißbad
- Strichraupen
- dünne Drahtelektrode
- kurzer Lichtbogen
- niedrige Zwischenlagentemperatur

Erläuterung

An Chrom-Nickel-Stählen muß mit Heißrißneigung gerechnet werden. Kleine Schweißbäder sind bei diesen Stählen günstiger als große. Außerdem wird mit kleineren Schweißbädern der für Umwandlungsvorgänge kritische Temperaturbereich bei der Abkühlung rascher durchlaufen.
Statt eines langen Sprühlichtbogens sollte mit verringerter Spannung ein kürzerer Lichtbogen eingestellt werden, damit auch der übergehende Werkstoff nicht überhitzt wird.
Noch sicherer arbeiten Sie, wenn Sie die Impulstechnik nutzen.

Fehler

Heißrisse (bei vollaustenitischen Legierungen), Chromkarbidbildung an den Korngrenzen, Neigung zur interkristallinen Korrosion (bei unstabilisierten Legierungen).

Beseitigung des Fehlers

Rißstellen ausschleifen und nachschweißen.
Chromkarbidbildung ist nur noch durch kombinierte Wärmebehandlung (Lösungsglühen und Abschrecken) zu beheben, die am geschweißten Bauteil meist nicht durchführbar ist.

Schweißverfahren WIG-Schweißen	**Arbeitsregel-Nr.** 90
Grundwerkstoffe Alle Metalle, insbesondere Chrom-Nickel-Stahl	**Werkstoffe**

Arbeitsregel

Reißen Sie beim Schweißen von Rohrrundnähten den Lichtbogen nicht in Nahtmitte ab. Ziehen Sie das Nahtende aus der Nahtmitte heraus oder arbeiten Sie mit Hilfe einer Stromabsenkung.

Darstellung

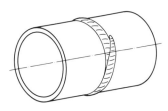

Kleines Schweißbad auf den Grundwerkstoff ziehen

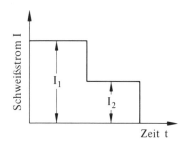

Stromabsenkung

Erläuterung

Nach dem Abschalten des Lichtbogens erstarrt das Schweißbad von seinen Rändern her. Große Schweißbäder können dabei, wenn aus dem vollen Schweißstrom heraus abgeschaltet wird, zu Endkraterrissen und Lunkern führen. Das Bad kann verkleinert werden, indem am Ende die Schweißgeschwindigkeit erhöht wird. Gleichzeitig zieht man den Lichtbogen neben die Naht. Dann liegen mögliche kleinere Fehlstellen in weniger kritischen Zonen vor. Noch besser ist die Verwendung eines WIG-Schweißgerätes mit Stromabsenkung, die vom Brennerhandgriff aus betätigt werden kann.

Fehler

Endkrater,
Risse

Beseitigung des Fehlers

Endkrater ausschleifen und nachschweißen.

Schweißverfahren	Arbeitsregel-Nr.	**91**
WIG- und MIG-Schweißen		
Grundwerkstoffe	**Werkstoffe**	
Aluminium und Aluminiumlegierungen		

Arbeitsregel
Entfernen Sie kurz vor dem Schweißen die Oxidschichten im Bereich der Schweißnaht. Verwenden Sie dazu keine Standard-Stahlbürsten, sondern Bürsten aus nichtrostendem Stahl.

Darstellung

Erläuterung
Für die chemische Beseitigung der Oxidschichten gibt es eine Reihe von Rezepten (fragen Sie Ihren Werkstofflieferanten). Mehr verbreitet ist die Beseitigung der Oxidschichten mit Metallbürsten. Herkömmliche Stahlbürsten bringen Eisenteilchen in die Oberfläche ein, die – wenn das Werkstück später im Freien eingesetzt wird – als rote Roststreifen in Erscheinung treten können.

Fehler
Bei mangelhafter Entfernung der Oxidschichten: Oxideinschlüsse in der Schweißnaht, Bindefehler, gegebenenfalls Poren. Bei Verwendung üblicher Stahlbürsten: Eiseneinschlüsse, Rostspuren.

Beseitigung des Fehlers
Fehlstellen entfernen (zum Beispiel ausschleifen, ausmeißeln) und nachschweißen. Dabei Wirkung der erneuten Erwärmung beachten (zum Beispiel auf Festigkeit im Erwärmungsbereich von Schweißnaht und Grundwerkstoff).

Schweißverfahren WIG-Schweißen	**Arbeitsregel-Nr.** 92
Grundwerkstoffe Aluminium und Aluminiumlegierungen	**Werkstoffe**

Arbeitsregel

Wenn Schweißnähte, beispielsweise an Aluminiumstrangpreßprofilen, anschließend anodisch oxidiert („eloxiert") werden sollen, dann schweißen Sie möglichst schnell, bringen möglichst wenig Wärme ein und benutzen einen vorher erprobten Schweißstab.

Darstellung

hier dürfen Schweißnähte nicht durch einen anderen Farbton auffallen!

Erläuterung

Das Gefüge der Schweißnaht und der Wärmeeinflußzone unterscheidet sich vom Gefüge des unbeeinflußten Grundwerkstoffes; es wird unterschiedlich von Ätzmitteln angegriffen werden. Deshalb entstehen beim Eloxieren Farbunterschiede zwischen Schweißnaht und Grundwerkstoff. Auch Erwärmungszonen erscheinen in anderem Farbton. Bei naturfarbenem Eloxieren ist mit dem Schweißstab AlMg3 der geringste Farbunterschied zu erreichen.

Fehler

Schweißnaht und Erwärmungszone werden nach dem Eloxieren durch Farbunterschied deutlich sichtbar.

Beseitigung des Fehlers

Farbunterschied läßt sich schweißtechnisch nicht vermeiden oder beseitigen.
Deshalb rechtzeitig mit dem Auftraggeber anhand eines Schweißmusters klären, ob der Farbunterschied zulässig ist.

Letzter Ausweg:
Farbunterschied durch Lackierung überdecken.

Schweißverfahren	Arbeitsregel-Nr.	**93**
WIG-Schweißen		
Grundwerkstoffe Aluminium und Aluminiumlegierungen	**Werkstoffe**	

Arbeitsregel
Fasen Sie beim Schweißen von I-Nähten die Unterkante leicht an. Vermeiden Sie damit das Entstehen einer gefährlichen Oxidkerbe.

Darstellung

      Oxideinschluß   Oxide verteilt

        falsch   richtig

Erläuterung
Die Oxidschicht auf der Stirnkante einer I-Naht kann vom Lichtbogen nicht erfaßt und – insbesondere im unteren Teil der Naht – nicht zerstört werden. Sie bleibt deshalb als trennende Schicht im Schweißgut stehen, weil der Schmelzpunkt des Oxids sehr viel höher liegt als der Schmelzpunkt des Grundwerkstoffes. Durch Anfasen der Unterkante erreicht man, daß beim Durchsacken des Schweißbades die Oxidschicht auseinandergerissen wird und an die Nahtunterseite rutscht.

Fehler
Oxidkerbe an der Nahtunterseite,
unzureichende Festigkeit der Schweißnaht.

Beseitigung des Fehlers
Wenn wegen der Oxidkerbe die Schweißverbindung der Beanspruchung nicht gewachsen ist: Schweißnaht entfernen (ausarbeiten) und nachschweißen.

Schweißverfahren		Arbeitsregel-Nr.	**94**
WIG- und MIG-Schweißen			
Grundwerkstoffe		Werkstoffe	
Aluminium und Aluminiumlegierungen			

Arbeitsregel

Wählen Sie den richtigen Schweißzusatz. Beachten Sie, daß bei Aluminiumlegierungen der Grundsatz der „Artgleichheit" oft nicht gilt.

Darstellung

Grundwerkstoff	Schweißzusatz (Kurzzeichen nach DIN 1732)
Reinaluminium	S-Al 99,5 Ti
AlMn	S-AlMn, gegebenenfalls S-Al 99,5 Ti
AlMg, AlMgMn	S-AlMg 3, S-AlMg 5 (je nach Mg-Gehalt)
AlMgSi	S-AlSi 5 (gut fließendes Schweißbad) oder S-AlMg 5 (zähflüssigeres Bad, bessere Verformungsfähigkeit der Naht)
AlZnMg	S-AlMg 4,5 Mn oder S-AlMg 5

Erläuterung

Reinaluminium – beispielsweise für Anwendungen in der Lebensmittelindustrie – muß artgleich geschweißt werden. Bei allen Legierungen jedoch, die Mg (Magnesium) oder Si (Silizium) oder beides enthalten, muß zum Vermeiden von Rissen und zur Erhaltung der Nahtfestigkeit der Schweißzusatz sorgfältig ausgewählt werden. Dabei ist es möglich, daß ein Schweißzusatz mit höherem Legierungsgehalt verwendet werden muß. Fragen Sie notfalls den Lieferanten des Grundwerkstoffs oder des Schweißzusatzes. Prüfen Sie – zum Beispiel beim Schweißen tragender Teile im Hochbau – , welcher Schweißzusatz für den Grundwerkstoff zugelassen ist.

Fehler

Risse in der Schweißnaht
Unzureichende Festigkeit oder Verformbarkeit der Schweißverbindung

Beseitigung des Fehlers

Darüber sollte man nicht diskutieren: eine falsche Wahl des Schweißzusatzes darf nicht vorkommen. Oder wollen Sie alle Schweißnähte ausarbeiten und neu schweißen?

| Schweißverfahren
WIG- und MIG-Schweißen	Arbeitsregel-Nr. **95**
Grundwerkstoffe
Aluminium und Aluminiumlegierungen	**Werkstoffe**

Arbeitsregel
Wärmen Sie dicke Werkstücke vor. Stellen Sie dabei am Anwärmbrenner eine neutrale Flamme ein. Diese Regel gilt für Reinaluminium ab etwa 10 mm und für Aluminiumlegierungen ab etwa 15 mm (die Blechdicken sind Richtwerte).

Darstellung

Erläuterung
Die hohe Leitfähigkeit führt aus dem Schweißbad rasch die Wärme ab. Das Bad kühlt schnell ab. Der in der Schmelze gelöste Wasserstoff gast an der Erstarrungsfront aus, kann aber nicht schnell genug an die Badoberfläche steigen. Er bildet Poren im erstarrten Schweißgut.
Beim MIG-Schweißen ist das Vorwärmen besonders wichtig, weil die Wärmezufuhr durch den Lichtbogen **ohne** gleichzeitige Zugabe von Schweißzusatz nicht möglich ist.

Fehler
Poren,
bei MIG: schlechte Bindung und schlechter Einbrand am Nahtanfang, gegebenenfalls auch im weiteren Nahtverlauf.

Beseitigung des Fehlers
—

Schweißverfahren		
WIG-Schweißen	Arbeitsregel-Nr.	**96**
Grundwerkstoffe		
Titanwerkstoffe	Werkstoffe	

Arbeitsregel Verhindern Sie durch zusätzliche Maßnahmen den Zutritt von Luft nicht nur an die Schweißstelle, sondern auch an die wärmebeeinflußten Werkstoffbereiche. Nutzen Sie die im DVS-Merkblatt 2713 „Schweißen von Titanwerkstoffen" gesammelten Erfahrungen. Verwenden Sie als Schweißschutzgas **und** als Wurzelschutzgas nicht das handelsübliche Schweißargon, sondern die höhere Reinheit „Argon 4.8".

Darstellung

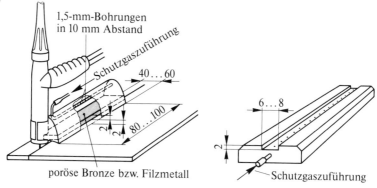

Erläuterung
Titan hat eine besonders hohe Affinität zu Sauerstoff, Stickstoff und Wasserstoff. Die Gasaufnahme im Schweißbad kann bis zur vollen Versprödung führen. Darüber hinaus reagiert Titan selbst im festen Zustand bei Temperaturen über etwa 250°C mit Sauerstoff. Zur Abschirmung der neben der Schweißnaht liegenden Bereiche dienen örtliche Schutzgasabschirmungen (siehe Bilder) oder Schutzgaskammern.

Sorgfältige Nahtvorbereitung (Entgraten, Reinigen, eventuell Beizen) ist unerläßlich.

Fehler
Versprödung, Risse
Anlauffarben

Beseitigung des Fehlers
Werkstoffschädigungen sind nicht mehr rückgängig zu machen.

Schweißverfahren		
WIG-, MIG-, MAG-Schweißen, Plasmaschweißen, Plasmaschneiden	Arbeitsregel-Nr.	**97**
Grundwerkstoffe		
Alle Metalle	**Sicherheit**	

Arbeitsregel
Nehmen Sie die Gasflasche ab, wenn Sie das Gerät mit dem Kran transportieren. Benutzen Sie **alle** Kranösen. Verwenden Sie unbeschädigte Seile. Bringen Sie die Seile in einem möglichst steilen Winkel an. Heben Sie die Last nicht ruckartig an und setzen Sie die Last nicht ruckartig ab.

Darstellung

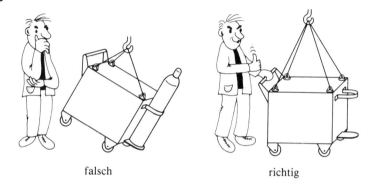

falsch   richtig

Erläuterung
Die Kranösen sind so angeordnet, daß das Gerät **ohne** Gasflasche gerade hängt. Wenn es schräg hängt, kann die Gasflasche bei möglichen Erschütterungen herunterfallen.

Fehler
Gerät teilweise oder ganz defekt, wenn es abstürzt, Sachschaden, gegebenenfalls Personenschaden.

Beseitigung des Fehlers
—

Schweißverfahren	Arbeitsregel-Nr.	**98**
WIG-, MIG-, MAG-Schweißen, Plasmaschweißen, Plasmaschneiden		
Grundwerkstoffe	**Sicherheit**	
Alle Metalle		

Arbeitsregel
Machen Sie das Gerät spannungsfrei, bevor Sie den Aufstellungsort verändern, indem Sie beispielsweise den Netzstecker aus der Steckdose ziehen.

Darstellung

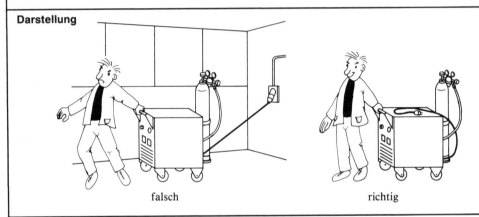

falsch — richtig

Erläuterung
Obwohl es Ihnen sicher schwerfällt, sollten Sie trotzdem diese Arbeitsregel einhalten (Durchführungsanweisung zu § 42 Nr. 2 der Unfallverhütungsvorschrift VBG 15 in der Fassung vom 1. April 1990). Ihr Sinn ist leicht zu verstehen: Die Netzzuleitung muß wegen der Gefährdung durch die Netzspannung unbedingt vor Beschädigungen geschützt werden. Beim Verschieben eines Gerätes könnte aber eine Netzzuleitung angerissen, abgerissen oder gequetscht werden.

Fehler
Gefahr durch Netzspannung

Beseitigung des Fehlers
Im schlimmsten Fall Netzkabel ersetzen.

Achtung:
Arbeiten an elektrischen Teilen nur durch einen Fachmann oder durch eine unterwiesene Person, die über ihre Aufgaben sowie über Gefahren bei unsachgemäßem Verhalten unterrichtet und über notwendige Schutzmaßnahmen belehrt worden ist.

Schweißverfahren WIG-, MIG-, MAG-Schweißen, Plasmaschweißen, Plasmaschneiden	Arbeitsregel-Nr. **99**
Grundwerkstoffe Alle Metalle	**Sicherheit**

Arbeitsregel

Ziehen Sie den Netzstecker aus der Steckdose, bevor Sie das Gerät öffnen, um Wartungsarbeiten auszuführen.

Darstellung

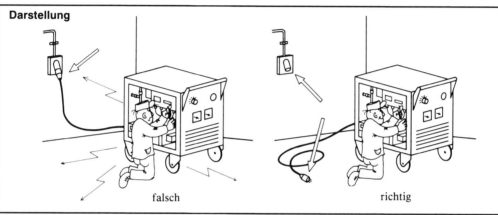

falsch   richtig

Erläuterung

Wenn Sie Wartungsarbeiten an den unter Netzspannung stehenden Teilen des Gerätes ausführen wollen (etwa nach Öffnen des Stromquellengehäuses), muß das Gerät zuverlässig vom Netz getrennt sein. Das Abschalten oder das Entfernen der Sicherung am Sicherungskasten ist kein ausreichender Trennschutz.

Fehler

Netzspannung liegt frei,
Lebensgefahr!

Beseitigung des Fehlers

Wenn das Unglück geschehen ist, dann ist es zu spät!
Erst denken, dann Gerät öffnen!

Achtung:
Arbeiten an elektrischen Teilen nur durch einen Fachmann oder durch eine unterwiesene Person, die über ihre Aufgaben sowie die Gefahren bei unsachgemäßem Verhalten unterrichtet und über die notwendigen Schutzmaßnahmen belehrt worden ist.

Schweißverfahren WIG-, MIG-, MAG-Schweißen, Plasmaschweißen, Plasmaschneiden	Arbeitsregel-Nr. **100**
Grundwerkstoffe Alle Metalle	**Sicherheit**

Arbeitsregel

Lassen Sie Ihre Geräte, soweit sie benutzt werden, entsprechend den Unfallverhütungsvorschriften (VBG 4) mindestens alle 6 Monate auf ordnungsgemäßen Zustand prüfen. Dazu gehört auch die Prüfung des Schutzleiters, wenn es sich nicht um ein schutzisoliertes Kleingerät handelt. Diese Vorschrift gilt für alle nicht ortsfesten elektrischen Betriebsmittel!

Darstellung

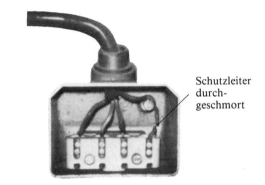

Schutzleiter durchgeschmort

Erläuterung

Ein unterbrochener Schutzleiter (siehe Bild) bedeutet höchste Gefahr für den Menschen: Im Falle eines Defektes in der Maschine kann die volle Netzspannung auf dem Maschinengehäuse liegen!
Der Schutzleiter kann durch mechanische Einwirkung abgerissen werden oder er kann durchschmoren, wenn das Werkstückkabel seine Aufgabe an einem geerdeten Werkstück nicht richtig erfüllt (beispielsweise, wenn es nur noch einen verringerten Querschnitt hat oder wenn die Polklemme mit schlechtem Kontakt angebracht ist).

Fehler

Netzspannung liegt auf dem Maschinengehäuse. Lebensgefahr!

Beseitigung des Fehlers

Auf korrekten Anschluß der Werkstückleitung achten.
Regelmäßig prüfen.

Achtung:
Prüfung der elektrischen Betriebsmittel nur durch Elektrofachkraft, bei Verwendung geeigneter Prüfgeräte auch durch elektrotechnisch unterwiesene Person.

Schweißverfahren		
WIG-, MIG-, MAG-Schweißen, Plasmaschweißen, Plasmaschneiden	**Arbeitsregel-Nr.**	**101**
Grundwerkstoffe		
Alle Metalle	**Sicherheit**	

Arbeitsregel

Tragen Sie – wie es die Unfallverhütungsvorschrift VBG 15 vorschreibt – beim Schweißen und Schneiden in jedem Falle unbeschädigte, trockene Stulpenhandschuhe an **beiden** Händen. Leder ist das geeignete Material. Die Handschuhe dürfen nicht mit Metallteilen (Klammern oder Nieten) verarbeitet sein.

Darstellung

Handschuhe fehlen!

falsch   richtig

Erläuterung

Viele Schutzgasschweißer tragen keine Handschuhe, weil sie meinen, diese wären bei der Arbeit hinderlich. Sie verstoßen damit gegen die Unfallverhütungsvorschrift. Sie setzen sich einer ganzen Reihe von Gefahren aus: Schädigung der Haut durch Strahlung, Verbrennungen durch Spritzer, Stromdurchgang infolge mangelnder Isolation beim Berühren spannungsführender Teile. Für Schutzgasschweißer gibt es besonders weiche und dünne Fünf-Finger-Handschuhe aus Nappaleder – sie gehören an die Hand eines jeden Schutzgasschweißers!

Fehler

Mangelhafter persönlicher Schutz des Schweißers bzw. Bedienungsmannes.

Beseitigung des Fehlers

—

Schweißverfahren WIG-, MIG-, MAG-Schweißen, Plasmaschweißen, Plasmaschneiden	Arbeitsregel-Nr. **102**
Grundwerkstoffe Alle Metalle	**Sicherheit**

Arbeitsregel

Sie müssen bei Schweißarbeiten Kleidung tragen (§ 28 der UVV),
- die den Körper ausreichend bedeckt und
- die nicht mit entzündlichen oder leicht entzündlichen Stoffen verunreinigt ist.

Darstellung

richtig,
guter Schutz gegen Strahlung

Erläuterung

Die Kleidung (Unter- und Oberbekleidung, Strümpfe, Schuhe und Handschuhe) schützt gegen optische Strahlung, Funken, Spritzer und in gewissem Grade auch gegen elektrische Durchströmung.
Denken Sie beim Schutz Ihres Körpers auch an offene Ärmel, an das „Schweißer-Dreieck" am Hals (daran erkennt man im Freibad die Schweißer!), notfalls an Ihren Nacken, wenn mit reflektierender Strahlung gerechnet werden muß. Sandalen und kurze Hosen mögen im Sommer zwar ganz angenehm sein – für den Schweißer sind sie nicht geeignet.
Gewebe mit hohem Anteil leicht schmelzender Kunstfaser sollte nicht getragen werden, da sich damit Verletzungen durch Verbrennen erheblich verschlimmern können (Kunststoffschmelze auf der Haut).
Bei starker Strahlung, von der Textilgewebe zerstört wird, sollten Sie Spezial-Schutzkleidung aus Leder (hochgeschlossen, mit Hals- und Nackenschutz und mit freiem Rücken, wie sie im Handel zu bekommen ist) tragen.

Fehler

Mangelhafter Gesundheitsschutz des Schweißers.

Beseitigung des Fehlers

—

Schweißverfahren	**Arbeitsregel-Nr.**
WIG-, MIG-, MAG-Schweißen, Plasmaschweißen, Plasmaschneiden	103
Grundwerkstoffe	
Alle Metalle	**Sicherheit**

Arbeitsregel
Wählen Sie für Ihre Schutzgläser die empfohlene Schutzstufe. Verwenden Sie keine zu hellen Gläser.

Darstellung

		Schweißstrom in A								
		50	100	150	200	250	300	350	400	450	500
WIG		9	10	11	12	13	14				
MIG	Stahl		10	11	12		13		14		
	Aluminium		10	11	12	13		14		15	
MAG			10	11	12	13		14		15	

Bei verlängertem Lichtbogen die nächst höhere Stufe verwenden

Empfohlene Verwendung der einzelnen Schutzstufen (nach DIN EN 169).

Erläuterung
Die erforderliche Schutzstufe hängt in erster Linie von der Höhe des Schweißstroms, aber auch vom Grundwerkstoff und der persönlichen Blendempfindlichkeit des Schweißers ab. Deshalb sind Abweichungen um je eine Schutzstufe nach oben oder unten von der empfohlenen Verwendung zulässig (DIN EN 169). Beim Schweißen mit verlängertem Lichtbogen soll die nächst höhere Schutzstufe verwendet werden.
Verspiegelte Schutzgläser verringern die Erwärmung. Sie werden besonders beim MIG- und MAG-Schweißen mit hohen Strömen vorgezogen.

Fehler
„Verblitzte" Augen, Sehschäden

Beseitigung des Fehlers
—

Schweißverfahren	Arbeitsregel-Nr. 104
WIG-, MIG-, MAG-Schweißen, Plasmaschweißen, Plasmaschneiden	
Grundwerkstoffe	**Sicherheit**
Alle Metalle	

Arbeitsregel
Schirmen Sie den Arbeitsplatz mit Vorhängen oder beweglichen Wänden ab. Sorgen Sie dafür, daß Schweißerhelfer oder Kranführer durch Schutzbrillen gegen die Streustrahlen geschützt werden. Denken Sie auch an die reflektierte Strahlung. Vermeiden Sie hellfarbige, glänzende Wände!

Darstellung

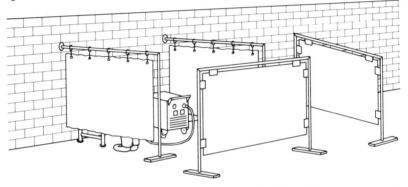

Erläuterung
Die intensive Strahlung des bei den Schutzgasverfahren brennenden Lichtbogens kann nicht nur für den Schweißer selbst, sondern auch für benachbarte Arbeitsplätze gefährlich werden. Deshalb sollte der Arbeitsplatz abgeschirmt werden. Die in der Nähe des Arbeitsplatzes tätigen, durch Blendgefahr bedrohten Personen sollten Schutzbrillen tragen. Dafür sind die Schutzstufen 1.2, 1.4 oder 1.7 nach DIN EN 169 für Schweißerhelfer vorgesehen.

Fehler
„Verblitzte Augen"

Beseitigung des Fehlers
—

Schweißverfahren		
WIG-, MIG-, MAG-Schweißen, Plasmaschweißen, Plasmaschneiden	**Arbeitsregel-Nr.**	**105**
Grundwerkstoffe		
Alle Metalle	**Sicherheit**	

Arbeitsregel

Achten Sie darauf, **wann** erhöhte elektrische Gefährdung vorliegt. Beachten Sie dann die dafür geltenden besonderen Sicherheitsvorschriften (einschlägige Unfallverhütungsvorschriften und VDE-Bestimmungen).

Darstellung

enger Raum

Körperberührung
unvermeidbar

Erläuterung

Erhöhte elektrische Gefährdung liegt nach der Durchführungsanweisung zu § 45 der UVV VBG 15 in folgenden Fällen vor:
– wenn der Schweißer zwangsweise (zum Beispiel kniend, sitzend, liegend oder angelehnt) mit seinem Körper elektrisch leitfähige Teile (beispielsweise metallische, feuchte oder nasse Wände, Böden, Roste und Stoffe wie Stein, Beton, Holz, Erdreich) berührt,
– an Arbeitsplätzen, an denen bereits **eine** Abmessung des freien Bewegungsraumes zwischen gegenüberliegenden elektrisch leitfähigen Teilen weniger als 2 m beträgt, so daß der Schweißer diese Teile zufällig berühren kann,
– an nassen, feuchten oder heißen Arbeitsplätzen, an denen der elektrische Widerstand der menschlichen Haut oder der Arbeitskleidung oder der Schutzausrüstung durch Nässe, Feuchtigkeit oder Schweiß erheblich herabgesetzt werden kann.

Fehler

Mangelhafter Schutz des Schweißers bzw. Bedienungspersonals gegen die Gefahren des elektrischen Stromes.

Beseitigung des Fehlers

—

Schweißverfahren
WIG-, MIG-, MAG-Schweißen, Plasmaschweißen, Plasmaschneiden

Arbeitsregel-Nr. 106

Grundwerkstoffe
Alle Metalle

Sicherheit

Arbeitsregel
Verwenden Sie bei Arbeiten unter erhöhter elektrischer Gefährdung nur die dafür zugelassenen und gekennzeichneten Stromquellen, wie es die Unfallverhütungsvorschrift VBG 15 vorschreibt.

Darstellung

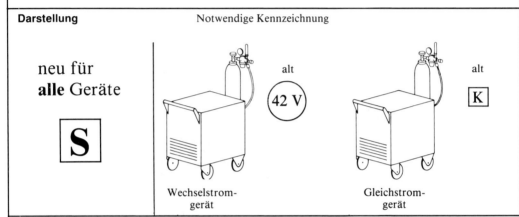

Notwendige Kennzeichnung

neu für **alle** Geräte

S

alt

42 V

Wechselstromgerät

alt

K

Gleichstromgerät

Erläuterung
Bei Arbeiten unter erhöhter elektrischer Gefährdung dürfen nur Stromquellen verwendet werden, deren Leerlaufspannung bei Wechselstrom den Scheitelwert von 68 V (Effektivwert 48 V) und bei Gleichstrom den Scheitelwert von 113 V nicht überschreitet. Es ist auch zugelassen, daß die Begrenzung der Leerlaufspannung auf die höchstzulässigen Werte durch eine selbsttätige Schutzeinrichtung erzielt wird, die unmittelbar nach dem Schweißen die auftretende Leerlaufspannung herabsetzt oder − bei Wechselstrom − auf eine Gleichstrom-Leerlaufspannung umschaltet. Die Wirksamkeit dieser Einrichtung muß angezeigt, ihre Funktion selbsttätig überwacht werden.
Die Überwachungseinrichtung muß überprüfbar sein.

Fehler
Mangelhafter Schutz des Schweißers bzw. Bedienungspersonals gegen die Gefahren des elektrischen Stromes.

Beseitigung des Fehlers
−

Schweißverfahren WIG-, MIG-, MAG-Schweißen, Plasmaschweißen, Plasmaschneiden	Arbeitsregel-Nr. 107
Grundwerkstoffe Alle Metalle	Sicherheit

Arbeitsregel

Erfüllen Sie bei erhöhter elektrischer Gefährdung die Forderungen nach ausreichendem Schutz durch zusätzliche Maßnahmen (§ 27, Absatz 6 der UVV VBG 15) wie
– isolierende Zwischenlagen   – unbeschädigtes trockenes Schuhwerk mit isolierender Sohle
– unbeschädigte trockene Schweißerhandschuhe nach DIN 4841   – isolierende Kopfbedeckung.

Darstellung

er sitzt sicher!

Erläuterung

Isolierende Zwischenlagen wie Gummimatten oder Lattenroste bilden einen besonderen Schutz gegen elektrische Durchströmung des menschlichen Körpers. An feuchten oder heißen Arbeitsplätzen dürfen die Zwischenlagen durch Feuchtigkeit oder Schweiß nicht leitfähig werden.
Bei besonders ungünstigen räumlichen Verhältnissen oder bei der Gefahr des Absturzens durch eine schlecht zu sichernde Zwischenlage auf einer leitfähigen Standfläche können auch unbeschädigte trockene Arbeitskleidung (möglichst schwerer Qualität), unbeschädigtes trockenes Schuhwerk mit Gummisohle und unbeschädigte trockene Schweißschutzhandschuhe ausreichend sein.

Fehler

Mangelhafter Schutz des Schweißers bzw. Bedienungspersonals gegen die Gefahren des elektrischen Stromes.

Beseitigung des Fehlers

—

Schweißverfahren WIG-, MIG-, MAG-Schweißen, Plasmaschweißen, Plasmaschneiden	**Arbeitsregel-Nr.** 108
Grundwerkstoffe Alle Metalle	**Sicherheit**

Arbeitsregel

Stellen Sie Stromquellen nie in engen Räumen aus elektrisch leitfähigen Wandungen auf – auch nicht solche Stromquellen, die unter erhöhter elektrischer Gefährdung zugelassen sind (Unfallverhütungsvorschrift VBG 15).

Darstellung

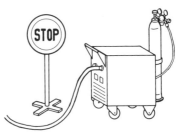

Erläuterung

Als „eng" gilt ein Raum, wenn gegenüberliegende elektrisch leitfähige Teile (Wände, Böden, Roste, Rohre) gleichzeitig berührt werden können oder wenn aufrechtes Stehen unmöglich ist. Dieser Fall gilt als gegeben, wenn bereits **eine** Dimension des Raumes (Länge, Breite, Höhe oder Durchmesser) weniger als 2 m beträgt.

Fehler

Mangelhafter Schutz des Schweißers bzw. Bedienungspersonals gegen die Gefahren des elektrischen Stromes.

Beseitigung des Fehlers

—

Schweißverfahren		
WIG-, MIG-, MAG-Schweißen, Plasmaschweißen, Plasmaschneiden	**Arbeitsregel-Nr.**	**109**
Grundwerkstoffe		
Alle Metalle	**Sicherheit**	

Arbeitsregel Benutzen Sie bei Schweißarbeiten in engen Räumen eine Absaugung oder technische Lüftung, die das Vorhandensein gesundheitsgefährlicher Stoffe, die Anreicherung mit Sauerstoff oder eine Verarmung an Sauerstoff verhindert. Soweit im Einzelfall eine Absaugung oder technische Lüftung nicht möglich ist, muß der Unternehmer Ihnen geeignete Atemschutzgeräte zur Verfügung stellen, zu deren Benutzung Sie verpflichtet sind. Leiten Sie nie Sauerstoff ein, wenn Sie am Leben bleiben wollen!

Darstellung

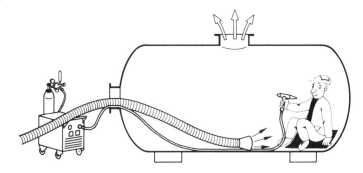

Erläuterung
Frischluftzufuhr ist erforderlich in kleinen Kellerräumen, Stollen, Rohrleitungen, Schächten, Tanks, Kesseln, Behältern, Doppelbodenzellen oder chemischen Apparaten.
Wird die Luft jedoch mit Sauerstoff angereichert, dann werden selbst schwer entflammbare Gewebe leicht entzündbar. Sie verbrennen rasch, wenn sie durch einen Funken entzündet werden. Die Überlebenschance in einem solchen Unglücksfall ist nur gering!

Fehler
Mangel an Atemluft,
bei Zufuhr von Sauerstoff: Verbrennungstod!

Beseitigung des Fehlers
—

Schweißverfahren	Arbeitsregel-Nr. **110**
WIG-, MIG-, MAG-Schweißen, Plasmaschweißen, Plasmaschneiden	
Grundwerkstoffe	
Alle Metalle	**Sicherheit**

Arbeitsregel

Beachten Sie beim Schweißen bzw. Schneiden die Fünf-Finger-Regel des Brandschutzes für feuer- und explosionsgefährdete Räume, wenn Sie beispielsweise auf Montage geschickt werden.

Darstellung

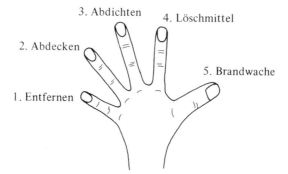

Erläuterung

1. Alle beweglichen brennbaren Gegenstände und Stoffe aus der Gefahrenzone **entfernen**
2. unbewegliche brennbare Gegenstände **abdecken**
3. Öffnungen, Ritzen, Rohrdurchführungen in andere Räume **abdichten**
4. **Löschmittel** bereitstellen, wenn im Gefahrenbereich brennbare Stoffe sind
5. notfalls **Brandwache** stellen, mehrere Stunden überwachen.

Läßt sich Feuer- oder Explosionsgefahr nicht restlos beseitigen, dann nur mit schriftlicher Genehmigung (Schweißerlaubnisschein) und unter Aufsicht schweißen bzw. schneiden!

Fehler

Mangelhafter Brandschutz

Beseitigung des Fehlers

Da hilft im Notfall nur die Feuerwehr!

| Schweißverfahren | Arbeitsregel-Nr. | **111** |
| WIG-, MIG-, MAG-Schweißen, Plasmaschweißen, Plasmaschneiden | | |

Grundwerkstoffe
Alle Metalle

Sicherheit

Arbeitsregel
Halten Sie Dämpfe von chlorierten Kohlenwasserstoffen (wie Trichloräthylen, Perchloräthylen, Tetrachlorkohlenstoff), falls Sie diese zum Entfetten von Metallen verwenden, vom Strahlungsbereich des Lichtbogens fern.

Darstellung

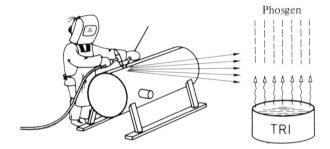

Erläuterung
Die Dämpfe der als Reinigungsmittel verwendeten chlorierten Kohlenwasserstoffe werden durch die ultraviolette Strahlung des Lichtbogens zersetzt. Dabei bildet sich das giftige Gas Phosgen. Deshalb müssen Räume, in denen geschweißt wird, unbedingt frei von chlorierten Kohlenwasserstoffen bleiben (keine Entfettungsanlagen!). An den zu schweißenden Teilen dürfen in Spalten oder Hohlräumen keine Reste dieser Lösungsmittel von der vorhergehenden Reinigung haften geblieben sein.

Fehler
Gefährdung durch Phosgen!

Beseitigung des Fehlers
—

Schweißverfahren MAG-Schweißen	Arbeitsregel-Nr. **112**
Grundwerkstoffe Karosserieblech	Sicherheit

Arbeitsregel
Entfernen Sie beim Schweißen an Kraftfahrzeugen alle brennbaren Teile und Materialien aus der Umgebung der Schweißstelle. Stellen Sie für den Notfall einen Feuerlöscher bereit.

Darstellung

Erläuterung
Es geschah im Jahre 1983 an einem Pkw: Beim Einschweißen eines Fußbodenbleches geriet der Unterbodenschutz in Brand. Die Benzinleitung war nicht weit. Sie wurde durch eine Explosion weggerissen. Am Ende war das Auto ausgebrannt, die Garage erheblich beschädigt, der Schweißer durch Brandwunden an der Hand verletzt.

Fehler
Verletzungen und Brandschäden

Beseitigung des Fehlers
Vorbeugen, nicht nachträglich beseitigen

Schweißverfahren	
WIG-, MIG-, MAG-Schweißen, Plasmaschweißen, Plasmaschneiden	**Arbeitsregel-Nr.** 113
Grundwerkstoffe	
Alle Metalle	Sicherheit

Arbeitsregel

Halten Sie die Atemluft aller mit Schweißen Beschäftigten frei von gesundheitsgefährlichen Stoffen, indem Sie im Entstehungsbereich absaugen oder belüften oder andere Maßnahmen ergreifen, wie es die Unfallverhütungsvorschrift VBG 15 (Fassung vom 1. April 1990) vorschreibt.

Darstellung

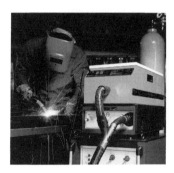 

Erläuterung Die Durchführungsverordnung zur UVV hält diese Forderung in der Regel für erfüllt, wenn folgende Maßnahmen getroffen werden (bei besonderen Verhältnissen kann intensivere Lüftung erforderlich oder geringere Lüftung ausreichend sein):

Verfahren	mit Zusatzwerkstoff					
	Unlegierter und niedriglegierter Stahl, Aluminium-Werkstoffe		Hochlegierter Stahl, NE-Werkstoffe (außer Aluminium-Werkstoffe)		Beschichteter Stahl	
	kurzzeitig	länger dauernd	kurzzeitig	länger dauernd	kurzzeitig	länger dauernd
WIG-Schweißen, ortsgebunden	F	T	F	T	F	T
WIG-Schweißen, nicht ortsgebunden	F	F	F	T	F	T
MIG-, MAG-Schweißen, ortsgebunden	T	A	A	A	A	A
MIG-, MAG-Schweißen, nicht ortsgebunden	F	T	T	A	T	A
Plasmaschneiden, ortsgebunden	A	A	A	A	A	A
Plasmaschneiden, nicht ortsgebunden	F	T	T	A	T	T

F = freie Lüftung (natürliche Raumlüftung als Folge von Druck- oder Temperaturdifferenzen) **T** = technische Lüftung (maschinelle Raumlüftung, beispielsweise durch Ventilatoren, Gebläse) **A** = Absaugung im Entstehungsbereich der gesundheitsgefährlichen Stoffe **Ortsgebunden** heißt: wiederholt am gleichen, dafür eingerichteten Platz (Schweißkabine, Schweißtisch, Werkstückaufnahme bis etwa 10 m²) **Länger dauernd** heißt: täglich mehr als eine halbe Stunde, wöchentlich mehr als 2 Stunden.

Fehler

Mangelhafter Gesundheitsschutz des Schweißers

Schweißverfahren MIG-, MAG-Schweißen, Plasmaschweißen, Plasmaschneiden	**Arbeitsregel-Nr.** 114
Grundwerkstoffe Alle Metalle	**Sicherheit**

Arbeitsregel

Beachten Sie § 32 der Unfallverhütungsvorschrift VBG 15 und führen Sie bei Absaugeinrichtungen mit beweglichen Erfassungselementen diese entsprechend dem Arbeitsfortschritt ständig nach.

Darstellung

Erläuterung

Mit der Absaugeinrichtung sollen Sie die gesundheitsgefährlichen Stoffe absaugen – und nicht die Luft neben dem Lichtbogen. Zugegeben: das ständige Nachführen mag Ihnen mühsam erscheinen und kostet Zeit. Aber es geht kein Weg daran vorbei – im Interesse Ihrer Gesundheit.
Wenn Ihr MIG-/MAG-Schweißbrenner mit einer gut funktionierenden Absaugung versehen ist („Absaugpistole"), ist das Problem für Sie gelöst. Wenn nicht zentral abgesaugt wird, dann empfiehlt sich ein spezielles Absauggerät mit Start/Stop-Automatik (Absaugung nur während des Schweißens plus Nachlaufzeit) und automatischer Filterüberwachung.

Fehler

Mangelhafter Gesundheitsschutz des Schweißers

Beseitigung des Fehlers

—

Schweißverfahren WIG-, MIG-, MAG-Schweißen, Plasmaschweißen, Plasmaschneiden	**Arbeitsregel-Nr.** **115**
Grundwerkstoffe Alle Metalle	**Sicherheit**

Arbeitsregel

Tragen Sie bei Schweißarbeiten in „engen Räumen" (§ 27, Absatz 5 der UVV VGB 15)
– einen schwer entflammbaren Schutzanzug, und
– benutzen Sie fallweise geeignetes Atemschutzgerät.

Darstellung

enger Raum

Erläuterung

Als „enger Raum" gilt nach § 29 der UVV (Durchführungsanweisung) ein Raum ohne natürlichen Luftabzug und zugleich
– mit einem Luftvolumen unter 100 m^2
– oder **einer** Abmessung (Länge, Breite, Höhe, Durchmesser) unter 2 m.

Solche Räume sind beispielsweise fensterlose Kellerräume, Stollen, Rohrleitungen, Schächte, Tanks, Kessel, Behälter, chemische Apparate, Kofferdämme und Doppelbodenzellen von Schiffen.

Schweißen in engen Räumen gehört zu den „gefährlichen Arbeiten" laut UVV „Allgemeine Vorschriften" (VBG 1) und erfordert zusätzliche Maßnahmen (beispielsweise die Überwachung einer allein arbeitenden Person, Kontrollgänge in kurzen Abständen, Meldesystem oder Alarmgerät)

Fehler

Mangelhafter Gesundheitsschutz des Schweißers

Beseitigung des Fehlers

Schweißverfahren	
WIG-, MIG-, MAG-Schweißen, Plasmaschweißen, Plasmaschneiden	**Arbeitsregel-Nr. 116**
Grundwerkstoffe	
Alle Metalle	**Sicherheit**

Arbeitsregel
Wenn Sie Druckgasflaschen mit einem Gesamtrauminhalt von mehr als 200 l befördern, sind Begleitpapiere nach der GGVS erforderlich. Bis 200 l (dies entspricht 4 Flaschen zu je 50 l) sind geschlossene Fahrzeuge so zu belüften, daß sich kein gefährliches Gasgemisch ansammeln kann. Wenn Sie Druckgasflaschen im Kofferraum Ihres Pkw transportieren, dann müssen Sie den Kofferraum einen Spalt offenhalten.

Darstellung

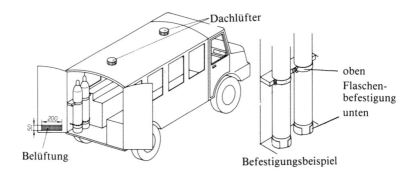

Erläuterung
GGVS ist die „Gefahrgutverordnung über die Beförderung gefährlicher Güter auf der Straße". Bis zu 200 l Gesamtrauminhalt halten Sie sich an das DVS-Merkblatt 0211 über Druckgasflaschen in geschlossenen Fahrzeugen.
Ein geschlossenes Fahrzeug (beispielsweise Ihr Werkstattwagen) muß mit ausreichenden Lüftungsöffnungen versehen sein (mindestens 2 Öffnungen von je 100 cm^3 freiem Querschnitt, eine davon am Boden, die andere in Deckennähe angeordnet). Die Flaschen sind gegen Umfallen oder Verschieben zuverlässig zu sichern. Ihre Ventile müssen geschlossen, ihre Schutzkappen aufgeschraubt sein. Diese Vorschriften gelten auch für leere Druckgasflaschen.
Der Transport von Druckgasflaschen in Kombiwagen und in Pkw-Kofferräumen darf nur kurzfristig sein. Die Druckgasflaschen sind nach dem Transport sofort zu entladen. Beim Transport im Kombiwagen ist die Lüftung einzuschalten oder es sind die Fenster zu öffnen.
Die Innentemperatur im Fahrzeug soll 60°C nicht überschreiten, wenn sich Druckgasflaschen mit verflüssigten Gasen (beispielsweise Kohlendioxid (CO_2, Kohlensäure) im geschlossenen Fahrzeug befinden.

Fehler
Verkehrsgefährdung durch Flaschen, die sich selbständig gemacht haben (beispielsweise bei scharfem Abbremsen). Ohne Schutzkappe Gefahr für Flaschenventil (Torpedo-Effekt). Ausströmendes Gas.

Beseitigung des Fehlers
—

Was jeder Schweißer über den DVS wissen sollte

Der Deutsche Verband für Schweißtechnik (DVS) ist ein gemeinnütziger eingetragener Verein (e.V.). Sein Hauptsitz ist Düsseldorf. Er ist in allen größeren Städten durch Bezirksverbände vertreten. Die Mitgliedschaft im DVS ist freiwillig.

Die Mitglieder sind:

Personen, die aus beruflichen Gründen an der Schweißtechnik interessiert sind, Firmen, die Schweißgeräte, Werkstoffe und Schweißzusätze herstellen, Firmen, die die Schweißtechnik anwenden.

Der DVS fördert die Anwendung der Schweißtechnik im allgemeinen Interesse in vielfältiger Weise, zum Beispiel durch:
Ausbildung von Schweißern und sonstigem schweißtechnischen Fachpersonal, berufliche Weiterbildung durch Vorträge und Erfahrungsaustausch,
Vermittlung praktischer Erkenntnisse und Erfahrungen in der Fachzeitschrift „Der Praktiker", Veröffentlichung neuer schweißtechnischer Erkenntnisse in den technisch-wissenschaftlichen Fachzeitschriften „Schweißen und Schneiden" und „Verbindungstechnik in der Elektronik", Mitarbeit im deutschen, europäischen und internationalen Normen- und Vorschriftenwesen, Forschungsarbeiten.

Durch Lesen des „Praktikers" und Teilnahme an den Arbeitsgemeinschaften für Schweißer in den DVS-Bezirksverbänden kann der Schweißer seine Kenntnisse erweitern und ein richtiger Fachmann werden.

Wenn der Schweißer einen Vortrag hören will,
an einem Schweißkursus teilnehmen möchte,
den Schweißerpaß erwerben will,
Erfahrungen austauschen oder den
„Praktiker" bestellen will,

wendet er sich an den **Bezirksverband des DVS.**

Bezirksverbände des Deutschen Verbandes für Schweißtechnik gibt es in allen großen Städten.

Es genügt auch eine Postkarte an die Hauptgeschäftsstelle des Deutschen Verbandes für Schweißtechnik e.V., Postfach 10 19 65, 4000 Düsseldorf.

Die schweißtechnische Praxis Band 11
L. Baum und H. Fischer

Der Schutzgasschweißer Teil I: WIG-Schweißen / Plasmaschweißen

1987, 102 Seiten, 82 Bilder, 18 Tabellen, kartoniert
ISBN 3-87155-516-9
DM 19,80 / Bestell-Nr. 200 011

Die schweißtechnische Praxis Band 12
L. Baum und V. Fichter

Der Schutzgasschweißer Teil II: MIG/MAG-Schweißen

1990, 170 Seiten, zahlreiche Bilder und Tabellen, kartoniert
ISBN 3-87155-517-7
DM 36,- / Bestell-Nr. 200 012

Vertrieb:
Deutscher Verlag für Schweißtechnik DVS-Verlag GmbH
Aachener Straße 172 · 4000 Düsseldorf 1
Telefon 02 11 / 15 10 56 · Telefax 02 11 / 15 91 - 200

Fachbuchreihe Schweißtechnik Band 76 / I
R. Killing

Handbuch der Schweißverfahren Teil I: Lichtbogenschweißverfahren

2. überarbeitete und erweiterte Auflage 1991,
292 Seiten, 291 Bilder, 56 Tabellen, kartoniert
ISBN 3-87155-087-6
DM 64,- / Bestell-Nr. 100 761

Fachbuchreihe Schweißtechnik Band 76/II
D. Böhme und F.-D. Hermann

Handbuch der Schweißverfahren Teil II: Autogentechnik, thermisches Schneiden, Elektronen- /Laserstrahlschweißen, Reib-, Ultraschall- und Diffusionsschweißen

1992, 320 Seiten, 341 Bilder, 60 Tabellen, kartoniert
ISBN 3-87155-093-0
DM 98,- / Bestell-Nr. 100 762

Vertrieb:
Deutscher Verlag für Schweißtechnik DVS-Verlag GmbH
Aachener Straße 172 · 4000 Düsseldorf 1
Telefon 02 11 / 15 10 56 · Telefax 02 11 / 15 91 - 200

INFORMATIONSMANAGEMENT FÜR DIE FÜGETECHNIK

▷ Aktuelle Fachinformation   ▷ Kenntnisse aus Wissenschaft und Forschung

Nutzen Sie die Informationsdienste „online" und gedruckt!

Literaturrecherchen in Datenbanken
Schweißen, Löten, Kleben, thermisches
Spritzen, Trennen, Prüf- und Meßtechnik,
Werkstofffragen.

Informationszeitschriften mit Referaten
— zum Schweißen und verwandte Verfahren*,
— zur zerstörungsfreien Prüfung,
— zum Messen mechanischer Größen.

Literaturbeschaffung, Fachbibliographien Schweißtechnik, Fachberatung, Faktendatenbanken...

Informationssysteme für die Schweißtechnik (DS)
Bundesanstalt für Materialforschung und -prüfung, BAM
Unter den Eichen 87, 1000 Berlin 45
Tel. (0 30) 81 04 - 16 45 / 36 95 / 36 96, Fax (0 30) 8 12 10 13

*Vertrieb: Deutscher Verlag für Schweißtechnik
DVS-Verlag GmbH
Postfach 10 19 65, 4000 Düsseldorf 1
Telefon (02 11) 15 91 - 0, Telefax (02 11) 15 91 - 200